AF341187

LES

VERS A SOIE

TRAITÉ PRATIQUE

GRAINES, ÉDUCATION, HISTOIRE

PAR

Jean-François ROUX

et Arthur de GRAVILLON.

Aux regards de celui qui fit l'immensité
L'insecte vaut un monde, ils ont autant coûté.

L.

IMPRIMERIE D'AIMÉ VINGTRINIER,
quai Saint-Antoine, 36.

1857

INTRODUCTION.

I.

C'est au bruit des métiers de là soierie que n'endort pas toujours le calme universel des nuits ; c'est à l'ébranlement incessant du *battant* mystérieux et sous les rayons étoilés de la petite lampe ouvrière, que nous aussi réunissons ces pages, tissus de nos veilles et de nos longues études. Élevé au milieu du spectacle immense de l'industrie lyonnaise, nous avons, de bonne heure, passé de l'impression à l'admiration, et de l'admiration au désir de contribuer à notre tour et pour notre part aux merveilles de ses œuvres. Enfant, ne connaissant encore que le rouet des vieilles, ces hautes et sévères maisons qui étagent sur les bords de nos fleuves leurs ateliers noircis et leurs rumeurs régulièrement saccadées, nous étaient déjà respectables ; l'aspect des mille croisées ouvertes et laissant entrevoir au soleil du dehors l'enchevêtrement compliqué et remuant des bois, des crochets et des trames, imposait à notre muette curiosité : nous pressentions que là s'accomplissait un grand travail. Jeune homme, nous avons voulu pénétrer dans ces fourmillements de machines, dans ces fournaises de sueurs ; nous avons touché le secret des choses qui s'y faisaient et regardé le front des hommes qui s'y consumaient. Une double émotion s'est alors emparée de notre esprit et de notre cœur. Si d'une part la magnificence des produits venait nous éblouir, de l'autre, l'aspect misérable de l'ouvrier savait nous attendrir. Nous considérions, tout pensif, cet étrange contraste des couleurs brillantes de l'étoffe et des pâles couleurs de la joue sur elles penchée, du progrès de l'art et de la décadence de l'homme, de la splendeur du vêtement et de la nudité du corps, du million et du haillon ! Comment se faisait-il que la plus belle et la plus riche de nos industries fût en même temps la plus boiteuse et la moins assurée pour l'humble artisan qui en espère son pain ? Comment pouvait-elle lui manquer à certains jours ? comment le fil de soie n'était-il point partout le fil conducteur de l'or et du bien-être et pourquoi rompait-il soudain en laissant retomber des familles entières

dans l'oisiveté du chômage et dans les
abimes de la faim ?

Plus tard, ce triste problème nous a
été expliqué. De l'effet, nous sommes
remonté à la cause première ; de la cité
laborieuse, nous sommes allé visiter
ces ateliers des campagnes où travaillent aussi à leur manière les chenilles
délicates ; nous initiant peu à peu à ce
monde d'un été, à cette activité d'un
peuple en exil sous notre soleil, et que
l'on parvient à illusionner dans une chaleur factice ; nous avons compris combien il était difficile pour l'homme sur-
veillant de conduire à bonne fin toutes
les phases diverses de l'existence d'un
ver à soie ; les chances d'insuccès
nous ont paru toujours dominantes, et
nous avons tremblé au souvenir de cet
autre ver, de ce *magnan*, de ce pauvre
canut, assis là-bas sous les solives en-
fumées des toits de la ville, attendant,
les mains sur la *chaîne*, que son frère

5

l'insecte ait dévoré sa feuille et achevé son cocon, pour que lui puisse manger sa part et terminer sa tâche !

Ils sont ainsi plus de trois cent mille sur notre terre de France seulement, dont la vie dépend de la bonne année d'un petit ver ! Filateurs, moulineurs, tisseurs, teinturiers, dessinateurs, c'est toute une armée qu'une chenille malade suffit pour mettre en déroute. Une telle pensée, une si palpitante réalité était bien faite pour nous posséder entièrement et ne nous laisser de repos qu'après la découverte, sinon d'une sauvegarde absolue, au moins d'une amélioration décisive dans la culture des vers à soie. Assurer le sort des travailleurs en régularisant la production des magnaneries ; restreindre de plus en plus le nombre des mauvaises chances et des mauvaises époques, telle fut dès lors toute notre application. Ayant d'abord comme premier but la condition vulgaire des pauvres ouvriers, nous tendions par là même au résultat éclatant d'une prospérité toute nationale : faire pour l'individu c'est agir pour le pays. Plus de cent millions sortent de nos mains chaque année en échange des soies étrangères : ne serait-ce donc pas le sujet d'une grande émulation et d'un grand soulagement que de tirer de nos cocons cette masse énorme que réclament nos fabriques fécondes, et de répandre sur notre sol affamé ces millions qui s'en vont vivre ailleurs ?

Plein de l'importance d'une pareille entreprise, nous sommes descendus aux plus minutieuses pratiques ; nous sommes remontés aux plus obscures origines ; nous nous sommes fait le compagnon du ver à soie; nous avons adopté ses petits , et bientôt d'étude en épreuve, d'observation en réflexion, toute la question, pour nous, s'est résumée dans le traitement et dans le maniement de la graine, monde imperceptible, atôme vivant, dont l'éclosion heureuse ou funeste équivaut à l'épanouissement radieux ou voilé du soleil au-dessus des récoltes. L'œuf du bombyx, flottant sur l'océan des incertitudes et des tentatives, nous a paru seul renfermer le secret de la création des soies ; là se sont aussi concentrés nos efforts, et nous croyons en avoir atteint le but. De lointains voyages, des expériences nombreuses, des comparaisons multipliées, nous permettent en tous cas d'assurer la supériorité des moyens par nous proposés.

La pitié et l'admiration ont été nos deux mobiles pour les poursuivre ; découverts dans la patience et dans l'activité, nous ne nous hasardons à les publier aujourd'hui que soutenu par le désir de l'utilité publique et la force de notre intime conviction.

II.

Sans doute nous ne sommes pas les premiers à écrire doctement sur l'art d'élever les vers à soie. Notre prétention ne peut être avec un si petit livre de faire oublier les fortes lectures des grands traités. Ils nous dominent par derrière nous comme des degrès supérieurs dans le cirque de la science ; plus voisins de terre , plus praticables à toutes les portées, plus à la hauteur du simple fait, nous nous contenterons d'embrasser le cercle entier de notre expérimentation et d'en cerner de plus près les difficultés. Il manquait un ouvrage populaire, peu coûteux, aisé à parcourir, facile à suivre dans ses naturels enseignements ; le nôtre prend cette place hardiment, sans crainte d'y manquer !

Après tout, n'est-ce pas déjà pour ces pages studieuses un premier titre de recommandation que leur départ de Lyon, la ville aux soixante mille métiers, l'antique industrielle des féeriques étoffes, la rivale de tout l'Orient? N'est-ce pas le lieu où il faut dire à un écrit de ce genre, en le confiant au courant vigoureux du Rhône : Va ! *Liber, ibis in* ORBEM. **Va** ! petit bateau de notre plus cher espoir, descends à travers les plaines de l'Isère, le grand fleuve du midi, visite à droite et l'Ardèche et le Gard, à gauche, et la Drôme et Vaucluse ; multiplie tes allées et venues d'un bord à l'autre; touche à toute rive et à tout esprit, et te laissant emporter par les flots sans nombre, affronte enfin la mer, la pleine mer de la publicité; ah ! il serait encore glorieux pour toi d'aller échouer sur les côtes de l'Afrique ou des grandes Indes entre quelques racines flottantes des vieux mûriers !

LE VER A SOIE.

III.

Une des plus curieuses histoires d'insectes est assurément celle du ver-à-soie. Son utilisation dès les premiers âges de la terre, sa lointaine patrie, le mystère qui entoure son ancienne culture, sa lente et tardive introduction en Europe, ses pérégrinations successives, son tour du monde, feuille à feuille, peuple à peuple, sa destinée toute luxueuse et toute exceptionnelle, attirent sur lui l'intérêt qui ressort des petites choses.

germes des grandes. Il est regrettable
que l'absence de notions suffisantes
et l'obscurité des textes dans les ouvrages de l'antiquité, ne permettent
point le récit complet et suivi de sa
marche géographique et de sa pro-
gression industrielle. Tout au moins,
en parlant de la *soie*, dans un dernier
chapitre, essayerons-nous de tracer
l'historique de ce ver, qui est devenu
un personnage, de cette larve, qui
est presque un génie.

Mais, avant d'aborder les explica-
tions pratiques relatives à son éducation, il importe de rappeler au lecteur quelle place occupe le bombyx
dans l'univers créé, et quels sont les
principaux caractères de son être merveilleux.

Comme aspect, nous en convenons,
le ver à soie n'a rien d'attrayant. Ce
corps flasque, velu, pâle ou tacheté,
de couleur fauve, cette peau ridée,
ces nœuds, ces anneaux remuant les
uns contre les autres dans l'élasticité

13

du mouvement qu'on nomme *vermi-culaire*, ces pattes molles et multi-pliées, les unes écailleuses, les autres garnies de crochets, cette tête bizarre, ce museau embrouillé d'antennes, de mâchoires et de filières comme une trousse d'outils, persillé de petits points noirs qui sont les yeux, sans plus d'expression qu'un crible : tout cet attirail traînant, muet, froid, sou-vent fétide, est peu fait pour charmer le regard et retenir le visiteur. Nous voilà loin, n'est-ce pas, de nos élégan-tes et chères abeilles, lumière ailée, insecte d'or dans le champ de l'azur ou sur l'émail des jardins (1). Cependant, voyez ces papillons que pourchassent les enfants le long des haies poudrées et des buissons en toilette de prin-temps. Voyez, voltigeant sur les prés verts, allant, venant, du brin d'herbe qui tremble à la feuille qui frémit, du

(1) Voir *la Fortune des campagnes, traité pratique de l'éducation des abeilles.*

rayon qui transperce leurs ailes étincelantes, en se glissant sous les bois, à l'ombre, où elles secouent en paix sur une mousse leur poussière métallique, ces espèces de fleurs fugitives, dont la variété, elle aussi, enchante le promeneur, et fait à chaque découverte nouvelle, pousser un cri de joie à l'enfant. Voyez et aimez, car c'est la grande famille des airs qui s'ébat sous un même astre et vole aux mêmes atômes parfumés !... Ah ! ne reconnaissez-vous point, entre toutes ces ailes palpitantes, les tristes chenilles de l'an dernier? Ce sont-elles cependant qui rivalisent, à cette heure, avec les sylphes et les zéphirs, étincelantes des plus vives couleurs ! L'arc-en-ciel est sorti de leurs obscurs fourreaux ; l'élan céleste a jailli de leurs enveloppes rampantes. Le ver hideux, ouvrant tout à coup des ailes longtemps cachées, est devenu, sur la scène du monde, papillon éclatant!

Or, le ver-à-soie est un de ceux-là.

Quoiqu'il ne vive de cette vie surna-
turelle de papillon que peu de temps
et aux heures perdues de la nuit,
n'oublions pas quel est son rang dans
la nature, quels sont ses droits à
notre considération. Le sujet que
nous élevons dans nos magnaneries,
cette chenille informe et sale, ne représente donc,. ne l'oublions pas,
qu'une phase d'existence, n'est qu'un
insecte en travail de transformation,
un commencement, une larve.

IV.

De tous les lépidoptères, le bombyx du mûrier est le seul doué de cette
sorte de sécrétion soyeuse, possible à
dérouler et facile à filer. Toutes les
chenilles ont bien des réservoirs inté-
rieurs et des appareils pour verser la
substance ductile qui doit, sous forme
de cocon, protéger le grand mystère

de leur transfiguration. Toutes s'in-
génient, plus ou moins heureusement à cette époque, soit en abré-
geant leur travail par le rapproche-
ment des bois, des feuilles, des
herbes sèches, que relie leur fil éco-
nome, soit en s'abritant sous la terre
ou derrière des cailloux immobiles;
mais le ver à soie, mieux qu'elles
toutes, perfectionne et termine à lui
seul son admirable cocon ; plus
qu'aucune, il le pelotone d'une abondante soie. Cette soie, qu'il varie
d'une teinte d'or ou d'argent, selon la
nature de sa race, fait à nos yeux
tout son prix.

V.

Hâtons-nous donc de donner un
aperçu d'ensemble sur l'existence des
vers à soie. Il y a peu à parler de cet
insecte en lui-même; l'*intérêt* spiri-

tuel ressort ici uniquement de l'*intérêt* matériel, et l'on ne tiendrait guère
ces pages si ce n'était pour parvenir
à toucher autre chose.

D'abord à l'état d'œuf, pondu par
le papillon femelle, le ver à soie est
renfermé dans un si petit germe que
ses œufs ont été appelés *graines*,
désignation fatale, nous le verrons
plus loin, qui exerce une bien fâ-
cheuse influence sur la manière de
traiter ces précieux globules.

L'œuf du ver à soie, tout autrement
délicat qu'un grain de blé, contient,
en effet, sous sa forme lenticulaire,
un liquide albumineux, où l'on distingue, à l'aide du microscope, des
granulations jaunâtres : ce sont ces
granulations, auxquelles s'arrêtent
l'examen et la science de l'homme, qui
semblent s'animer et se grouper pour
opérer le mystérieux réveil de l'ambryon. Une température de 12 à 20 degrés est nécessaire à l'incubation et
à la complète éclosion. Au bout de

huit jours, les anneaux du ver futur deviennent visibles, les pattes, la tête, les yeux, le linéament de la filière ou trompe soyeuse, sont ébauchés; le système nerveux noue ses attaches; le tube digestif est formé; l'insecte apparaît tout entier sous l'enveloppe tégumentaire, vaporeux fantôme, ombre d'être, qui se dessine peu à peu et semble monter lentement des profondeurs de ce lointain inconnu, où il doit plus tard redescendre et s'effacer, graduellement aussi, dans la poussière.

Au onzième jour, enfin, l'ambryon revêt une couleur gris sombre, signe de sa force naissante, puis il renverse sa tête armée de mandibules dentelées, et attaque bravement sa coque pour s'y ouvrir une porte à la vie où la chaleur l'appelle. Il scie en carré une ouverture suffisante au passage de la partie antérieure de son corps, et, s'aidant déjà, pour se fixer et s'étendre, du cordage de sa première

soie, il se démène d'un bout à l'autre
de ses petits anneaux, et sort enfin en
demandant au-dessus de lui, avec son
museau luisant, la feuille d'arbre
que l'instinct lui fait partout chercher.

Sa grandeur n'est alors que d'une
ligne, son poids n'est que le dix-mil-
lième de celui qu'il devra avoir trente-
trois ou trente-quatre jours après, ses
repas absorbés et son éducation terminée. C'est dans cette même mesure
de temps que se succèdent les crises
de sa destinée et aussi les dangers
de ses diverses épreuves; il mue ou
change de peau au moins trois fois, et,
le plus ordinairement, c'est-à-dire, pour
l'espèce vulgaire, à quatre reprises
différentes. Autant de mues, autant
d'*âges* ou époques, au sortir desquels
le ver se dépouille de sa peau pour en
prendre une plus souple et en raison
de l'augmentation progressive de sa
grosseur. De telles métamorphoses ne
s'accomplissent point sans efforts et

sans fatigue. Un état d'abattement, de jeûne et d'inertie accompagne chaque mue ; ce malaise est comme un *sommeil,* un abandon, une prostration de l'insecte devant la loi de son être. Il sort de sa mue pâle, exténué, mais avec un besoin de manger qui s'accroît à chaque période. Le dernicr de ses appétits, celui qui précède le versement de la soie, est une véritable fringale, une *frèze* ou *briffe* que justifie et nécessite le développement de la chenille, ses nombreuses déperditions intérieures, et le travail qu'elle va entreprendre pour se retirer ensuite dans la solitude du cocon.

Deux jours après cette grande frèze, elle recommence à se dégoûter de son aliment, elle change de place, elle s'isole, et, chose remarquable, elle se purifie elle-même en vidant violemment ses entrailles ; elle se dégage ainsi de toute matière immonde, comme un mourant qui se préparerait à l'avenir des cieux en se détachant de la terre et en rejetant l'or qui alourdissait ses désirs.

Blanche et translucide, elle aspire dès lors à *monter* ; elle pressent qu'elle va bientôt avoir des ailes. A peine a-t-elle trouvé un point de suspension, la voilà qui prélude à la construction de son cocon , creuset de sa vie nouvelle, par l'émission de filaments préparatoires ; sur ces soies folles ou *frisons,* elle achève, en trois ou quatre jours de labeur continu, d'enrouler capricieusement autour d'elle le fil admirable qui est la bandelette de la *momie,* le cercueil où va désormais couver l'espérance.

On s'étonne de penser que le fil versé par une seule chenille et pelotonnant un seul cocon, ait quelquefois 1,500 mètres de long ! Quel puissant organisme dans un si petit corps ! Quel espace dans un point ! Rien de simple toutefois comme cet appareil vivant. Il se compose de deux longs canaux repliés sur eux-mêmes et dans

lesquels la soie est sécrétée ; ces canaux, venant du dos, où les mouve-
ments du ver suffisent à presser et à
exprimer les sucs de leurs renfle-
ments, aboutissent à un conduit où la
substance soyeuse reçoit le *grès*, sorte
d'humeur gluante dont plus tard on
débarrasse la soie en la faisant bouillir
par l'opération du *décreusage* ; les
deux brins correspondant au deux canaux se joignent ensuite et se collent,
avec une matière cireuse, au passage
de la bouche, d'où ils coulent, unis
l'un à l'autre et à l'épreuve de l'eau,
par la filière, cette lèvre inférieure
qui bave la soie (1).

VI.

Qu'il nous soit permis de jeter,

(1) Nous devons aux savantes études et aux
bienveillantes communications de M. Mulsant,

nous aussi , comme un fil flottant, comme une *soie folle,* avant de commencer la série de nos enseignements, l'idée ou l'image que suscite en nous la mission du ver-à-soie parmi les hommes. Ce ver qui nous habille si richement , ce ver qui pare les épaules de la beauté et donne aux souples corsages leurs craquements harmonieux sous la pression du bras qui les ploie, ce ver qui fait le luxe et charme la volupté, n'a-t-il pas, là-bas… quelque part, dans l'ombre… un funèbre confrère, un autre ver sans nom, sans patrie, qui surgit partout où il doit agir, qui accomplit sourdement son œuvre implacable , qui détruit comme le premier édifie, qui découd comme celui-là tisse, qui déshabille jusqu'au nu des os, qui ronge jus-

auteur du *Cours élémentaire d'histoire naturelle,* toute la nouveauté de ces détails zoologiques, que nous compléterons, suivant les occasions de notre sujet.

qu'au fond de l'orbite où scintillait le doux regard, qui ne fait craquer les chairs que sous sa dent hâtive, qui est, hélas ! le terme des misères humaines et l'épouvantement de la mort !... Etranges extrémités des dessins de Dieu ! Nous prenons, vaniteux, la depouille d'une pupe enfermée dans sa tombe, et plus tard, à l'heure de l'anéantissement, c'est encore un insecte rampant qui, à son tour, avide, s'en vient nous piller dans notre sépulcre, nous, chrysalides de l'éternité ! Un ver nous inflige la peine du talion : un ver venge l'autre. Nous drapons un manteau de soie, il se retourne en un linceul !

LES MURIERS.

VII.

La question des vivres est ici, comme pour tout être vivant, la première à poser et à résoudre. Il importe donc, dans l'ordre de cette étude, comme dans la réalité de l'éducation du ver à soie, de commencer par assurer la production régulière de l'aliment qui doit le nourrir.

Malgré de nombreux essais, tels que ceux de la ronce sauvage, du rosier, de l'orme, de l'épine-violette, de la pariétaire, de la laitue, de l'érable, il reste établi que la feuille du mûrier est la seule vraiment convenable à la nutrition et à la sécrétion soyeuse du bombyx que nous élevons. C'est aussi au pied de cet arbre, étranger à notre terre, que se sont réunies toutes les attentions; c'est dans ces rameaux inhabitués à notre ciel, que toutes les mains ont croisé leurs efforts. Nous ne ferons que rappeler, en les résumant, les principes et les conseils de cette importante culture.

VIII.

Le mûrier, bien que transplanté loin de son climat originaire, réussit à peu près dans toutes nos campagnes; les conditions de sa prospérité sont généralement les mêmes que celles que réclament la vigne. Aux expositions chaudes, dans les terres sablonneuses,

sur les flancs rocailleux des coteaux,
ils réussissent mieux qu'exposés au
souffle du nord, dans le fond des
plaines, sur des terrains bas, humides
et argileux. C'est ainsi que nos montagnes des Cévennes ou du Dauphiné
donnent aux vers qui vivent dans leurs
vallons une abondance de feuillage
qui assure, en même temps que la
santé de l'insecte, la supériorité de la
soie.

Il nous est inutile de distinguer,
entre les diverses espèces de mûriers;
tout le monde sait que le mûrier blanc
a prévalu partout sur le mûrier noir,
le premier qui fut introduit en Europe. Le mûrier greffé ne tarda pas
non plus à être préféré au mûrier
sauvage (1). La facilité et la précocité
de récolte, la qualité, et tout ensem-

(1) Cependant quelques éducateurs revien-
nent de préférence à la culture du mûrier sauvage, particulièrement au mûrier *Ihou* qui ne se
greffe pas, et dont, prétendent-ils, la feuille,

ble, la profusion de la feuille, tels sont les avantages du mûrier blanc greffé, c'est-à-dire perfectionné par le semis et entretenu par les soins de l'agriculteur.

Les pieds de mûrier devront être plantés à l'entrée de l'hiver ou du printemps. Leur quantité dépendra naturellement de celle des graines qu'on se propose de faire éclore. Il faut au moins calculer sept ou huit ans avant de compter recueillir les feuilles d'un mûrier ordinaire, et un an ou deux de plus pour le mûrier à haute tige; celui-là rapportera environ 15 kil. de feuillage, celui-ci près de 40, par chaque tête. Une éducation de 90 grammes de graines nécessite approximativement 2,000 kil. de feuilles non mondées; mais il sera dans tous

plus substantielle, est avidement accueillie par le ver, qui produit ensuite des cocons ayant un fil plus fort, aisé à dévider, mais peut-être aussi de qualité inférieure.

les cas prudent d'étendre les plantations au-delà du chiffre d'un calcul
que tant de chances diverses peuvent
traverser.

IX.

La forme donnée aux mûriers dé-
termine une culture différente. Ainsi,
le mûrier à *haute tige* est celui qu'on
laisse s'élever jusqu'à deux mètres du
sol, dans un juste milieu de grandeur,
où sa tête domine la dent des chèvres
gourmandes et évite les gelées de l'hiver, sans toutefois rendre pour cela
trop difficile l'opération annuelle du
dépouillement. Le mûrier à *mi-tige*,
généralement adopté comme d'une
plantation moins chère, est celui que
l'on maintient à un niveau inférieur.
Le mûrier *nain*, plus exposé dans les
régions froides, n'est qu'un diminutif
du précédent et se dirige de la même

manière. Enfin, les mûriers *en haie*
ne sont autres que de petits mûriers
sauvages, aux feuilles délicates, aux
tiges robustes, que l'on ravale jusqu'à
la souche après chaque récolte et
dont le produit plus tendre n'est avantageux qu'aux premiers âges des vers.

X.

Quant à la taille proprement dite
des mûriers, c'est, il nous semble,
une des branches spéciales de l'agriculture et nous n'y toucherons pas
ici. Cependant, une difficulté et un
problème tout exceptionnels se ren-
contrent dans ce travail. Il s'agit
d'un arbre auquel on arrache son
feuillage, organe multiple de sa vitale
respiration , d'un arbre que l'on
blesse , que l'on saigne, que l'on
éprouve à époques réglées. Rien de
désolant pour le coup-d'œil comme

ces champs de mûriers dépouillés et
étendant vers le ciel de nos campagnes leurs branchages grêles. et gre-
lottant. On les dirait morts au milieu
de l'universelle renaissance des bois.
La lente dévastation que nous redou-
tons pour les arbres de nos jardins
qu'attaquent des nuées d'insectes va-
gabonds, c'est nous-mêmes qui la
pratiquons violemment, en quelques
jours, sur les mûriers. Sans doute,
nos vers à soie, s'ils pouvaient vivre
en plein air, seraient encore plus em-
pressés à se jeter sur cette libre pâture, mais ils le feraient plus adroitement, avec moins de dégats et sans
grossières amputations. Il nous faut
donc remédier, par toute notre industrie, à ce désastre annuel; il faut
contrebalancer le mal fait volontairement aux mûriers, et cela avec cette
arrière pensée de leur en faire davantage encore, en leur enlevant plus
tard un feuillage toujours plus touffu.

La pratique de la taille, la visite

aux plantations, la vue de l'opérateur, apprendront seuls les secrets et les tours de mains de cette culture. Nous ne voulons préconiser aucun système (1).

Ajoutons seulement que plus le mûrier vieillira dans de bonnes conditions, c'est-à-dire en s'épanouissant, en s'évasant en forme d'oranger, vaste au dehors, aéré au centre de ses nombreux rameaux, meilleure deviendra sa feuille pour la production de la soie ; cette feuille sera petite, d'un beau vert, luisante, plutôt légère que lourde.

La bonne qualité des feuilles ne consiste point, en effet, dans leur poids. Le poids vient de l'eau qu'elles renferment et qui est, au contraire, nuisible, comme tout principe d'hu-

(1) Que les agriculteurs désireux de plus savantes descriptions, ouvrent le bel ouvrage de M. Seringe ; ils trouveront les recettes des différentes pratiques et des meilleurs conseils.

midité, à un être dont le sang froid
n'est autre que ce que la température
le fait ; ce qui nourrit la chenille
c'est la substance sucrée, ce qui pro-
met la soie c'est la matière résineuse,
plus ou moins répandue en chaque
feuille. Alimenter suffisamment le ver
et, en même temps, dans un juste
équilibre, lui donner l'occasion de
produire amplement, voilà quel doit
être le résultat des bons mûriers.

XI.

C'est dans le courant du mois d'avril
que commence cette récolte, au moment où les graines se réveillent et
où les populations séricicoles oublient
de dormir dans l'activité d'un travail
de quarante jours, espoir de toute leur
année. Si le ciel est limpide, si les
rameaux heureux frissonnent au vent
qui les caresse, il n'y a d'autre pré-

caution à prendre que de détacher la
feuille sans la froisser et de la recueillir
sans la fouler. Les jeunes filles qui
chargées de ce soin s'en vont en riant,
sous l'ombre épaisse, faire glisser,
sur le sol nouvellement découvert, les
rayons de soleil, qui les inonde de sa lumière à chaque cueillée des branches
flexibles, celles-là savent comment enlever délicatement le fardeau des feuillages : de larges filets ou des paniers
à grandes tresses sont emportés en
hâte, sur des chariots légers, vers la
magnanerie. Là, on les conserve un
ou deux jours au plus, dans l'ombre
de pièces réservées et préservées de la
chaleur qui desséche, comme de l'humidité qui pourrit. Mais si la pluie
inopportune piétine sur les bois et
que, ruisselante encore, on soit obligé de ramasser des provisions qu'at-
tendent impatiemment les jeunes
vers, on essuie avec soin les feuilles
en les roulant en masse dans des
draps repliés. Les taches de rouille

éparses quelques fois sur la sombre
verdure ne doivent point être sus-
pectes ; le ver à soie les évite instinc-
tivement, en rongeant tout autour. Il
n'en est point de même des feuilles
malades et recouvertes d'une sorte
de pâleur visqueuse, qui devient mortelle pour l'insecte. Mais, que l'on
distribue la feuille entière ou décou-
pée, comme nous le verrons plus loin,
la principale attention doit s'appliquer à la fournir propre et fraîche,
et ce n'est point un petit labeur, lorsqu'on réfléchit à la quantité énorme
qu'absorbent nos chenilles ouvrières
dans les élans successifs de leur développement. Une once de vers dé-
vore, en vingt-quatre heures, près de
200 livres de feuillage !

Nous ne distinguerons point, entre
les innombrables variétés de mûriers,
quels sont ceux dont la feuille pourrait être préférable. L'art des pépi-
niéristes fera règle en cette matière,
puisqu'il fait loi dans le plus ou

moins de réussite des semis et des greffes ; il sera toujours plus avantageux de s'en rapporter à ces hommes spéciaux pour le choix et l'achat des baguettes, qui, toutes formées, déterminent les diverses grandeurs des mûriers. Il y a, du reste, un vaste champ d'expérience à explorer indéfiniment depuis le mûrier *rose* jusqu'au mûrier *fleur-de-lis*, depuis le mûrier *nain* jusqu'au *multicaule*, depuis la haie sauvage jusqu'à l'arbre de pleine venue qui, dépassant l'enceinte croûlante des vieux enclos, déborde dans le chemin, tête ébouriffée, où, sur la cîme, les mésanges vont se chercher querelle, tandis que d'en bas les troupes de gamins lancent leurs pierres pour faire tomber de grosses mûres blanches.

LA MAGNANERIE.

XII.

Les plantations faites, la contrée pourvue de mûriers prospérant, c'est le moment et le lieu de construire une magnanerie ou demeure commune des vers à soie. Qu'il s'agisse d'une petite éducation ou d'un établissement considérable, les deux mêmes principes doivent constamment régir les dispositions de tout atelier : nécessité de la chaleur, comme pour nos serres de fleurs exotiques ; besoin d'air pur, comme pour nos chambres de ma-

lade ; la chaleur s'obtient par des
feux clairs et flambants allumés aux
extrémités des salles ; l'air se purifie
par le moyen de la ventilation.

Rappelons ici que le ver à soie
étant un exilé, le but des soins dont
on l'entoure est de lui créer un climat,
une atmosphère qui trompe son tem-
pérament dépaysé ; ce n'est donc
point avec des courants d'air, toujours nuisibles, en Orient comme en
Occident, pour l'homme comme pour
l'insecte, que l'on parviendra à reproduire ce vague mouvement, cette vi-
bration douce qui, à toute heure,
court dans l'espace autour des bois et
des lèvres qui respirent. Un bon système de ventilation sera, dès lors, celui qui reproduira le plus exactement
les effets de cette agitation salubre,
en opérant le continuel et vaste re-
muement des molécules d'air, dejà
chauffées par les foyers. C'est là ce
que, jusqu'ici, personne n'avait encore su remarquer.

Peu importe d'ailleurs la nature de construction et la disposition de la magnanerie, petite ou vaste; qu'elle soit proportionnée à la quantité de graines que l'on désire faire éclore; qu'elle soit bâtie sur un terrain sec éloigné des usines, tournée au midi, plafonnée, défendue des rigueurs du toit et des humectations de la cave, voilà, avec le mot d'ordre d'une infatigable propreté, le principal devis que l'on devra toujours consulter.

Les feux se disposeront indifféremment de plusieurs manières, pourvu qu'ils n'avoisinent point trop les tables dont les vers risqueraient d'être *brûlés*. Quant aux prises d'air elles se pratiqueront dans le plancher, au plafond ou sur les côtés, suivant les anciennes indications d'Olivier de Serres, ou par la méthode savante de M. Darcet; tout cela sera peut-être bien : mais aura-t-on réellement avisé à une ventilation régulière, active, en accord avec l'action immense du mouvement

terrestre entraînant sa couche d'air vi-
tal et la fouettant dans un roulement
perpétuel?

XIII.

Cette rotation du globe, condition
indispensable de notre existence physique, est à proprement parler, un mécanisme gigantesque de ventilation
dont profitent tous les êtres créés. Le
monde n'aurait qu'à s'arrêter, à jeter
l'ancre sur un point de l'espace, pour
que bientôt, dans son atmosphère
épaisse, impure, lourde, immobile,
que les vents, ces rouages secondaires,
dès lors sans entrain et sans puissance,
ne suffiraient plus à remuer, l'on vît
s'étioler les plantes et dépérir les hommes et les animaux étouffés. Le renouvellement incessant et le battement
continuel de l'air respirable, telle est
la raison de l'impulsion imprimée par

le doigt providentiel à la terre sur laquelle il nous fait naître et mourir.

Si donc nous enfermons, nous iso-
lons plus ou moins de l'influence exté-
rieure un certain nombre d'insectes,
n'est-il pas évident que nous les pri-
vons, par là même, du bienfait général,
du plein air, de l'air animé par la
course géante du globe ?

Que faire alors ? quel remède appor-
ter à cette souffrance ? sera-ce en éta-
blissant des courants plus funestes
encore et dont la force aigue est aussi
éloignée de l'action universelle et douce qu'un coup de sifflet le serait d'une
note harmonieuse ? Evidemment non ;
mais il faudra s'appliquer à imiter
l'effet extérieur, à reproduire par un
appareil quelconque, mis en jeu dans
le magnanerie, le modèle planétaire
qui nous entretient tous.

Que ces mots et ces choses n'ef-
fraient point. Nous allons chercher
bien loin et bien haut le secret de nos
principes, c'est dans la réalité la plus

vulgaire et la plus économique que nous en ferons entrer l'exécution. On çopie toujours les inventions du créateur à moins de frais que celle des hommes parce qu'elle sont précisément les plus simples.

A ces considérations, nous en avons joint une autre, toute particulière au ver à soie, c'est que pour cette chenille sans cœur et sans circulation, ce n'était point de la respiration dont dépendait le plus souvent sa santé ou son malaise mais bien de sa *transpiration*, de sa transsudation externe. Le mal des chauds et froids, le danger des fausses sueurs ou des humidités ambiantes, nous ont paru devoir être avant tous conjurés. Or, le mouvement dans la chaleur, le renouvellement dans un même milieu, est le seul palliatif, le seul mode de salût comme il est le premier que l'on découvre en observant ce que la nature accomplit à chaque heure autour de nous.

A ce mouvement, à ce battemement

de l'air nous avons avisé au moyen d'appareils composés de planches de carton ou de bois mince, disposées obliquement, comme une roue de bateau à vapeur ou de moulin à vent, le long d'un axe mobile. Ces planches ont environ un pied carré chacune ; elle sont au nombre de 6 ou 8 pour chaque ventilateur.

Un mécanisme analogue à celui du tourne-broche que meut un poids quelconque, dans un des angles de la magnanerie, suffit pour imprimer aux palettes une rotation vive et continue. Incessamment remontés, on conçoit qu'un ou plusieurs de ces *fouetteurs d'air* disposés çà et là, au milieu ou aux extrémités des pièces, parviennent à accomplir un perpétuel mélange, et à entretenir une sorte de vie factice dans toute l'atmosphère. Si l'on reculait devant la petite complication d'un mécanisme on pourrait encore adopter à l'axe, hérissé de palettes, une manivelle que de temps à autre un

homme tournerait à la main. Enfin,
par l'agitation fréquemment répétée de
larges planches de carton promenées
d'un bout à l'autre de la chambre, le
plus pauvre éducateur profiterait,
mais avec plus de labeur et dans
une mesure moins grande, de l'a-
vantage maintes fois constaté de ce
système.

On voit que si notre théorie est lon-
gue, rien n'est facile et promptement
exposé comme notre pratique : il est
inutile que nous essayons de les
dérouler davantage ; l'esprit assez
docile pour comprendre l'une, sera
certainement assez ingénieux pour
exécuter l'autre.

XIV.

On a beaucoup discuté sur la préférence à donner soit aux grandes soit
aux petites éducations. Nous croyons.

qu'il y a une manière de les accorder ensemble c'est de diviser toujours les couvées, et à plus forte raison dans les vastes établissements, en colonies et en chambrées. On échappera de la sorte au règne des mauvaises influences et aux dangers de l'agglomération. Car, pour les vers-à soie comme pour nous même, l'air des villes et des foules est bientôt un air vicié. Espacer et fractionner les éducations, multiplier les maisons en diminuant les étages, étendre la population en logeant à l'aise et à part chaque groupe d'individus, sera donc, en règle générale, la meilleure disposition à prendre pour la commune santé de nos vers à soie ; ce sera aussi le plus commode pour la distribution des soins qu'ils réclament à chaque instant des jours de leurs métamorphoses. C'est ce double motif qui a fait imaginer les rayons ou claies, sortes de *tables* où travaillent les vers depuis leur sortie des œufs jusqu'à leur entrée dans les cocons.

A l'état de nature, le Bombyx passe tout ce temps sur les branches du mûrier ; il y est bercé des vents, nourri des feuilles, essuyé du soleil. Rien d'impur ni d'humide ne subsiste autour de lui. Ses détritus tombent sur le sol et fécondent par un cercle de reconnaissance involontaire, l'arbre même qui soutient sa vie.

Dans nos magnaneries, c'est à nous de réaliser autant que possible pour la chenille prisonnière des conditions pareilles. Les tables que divisent et portent dans une superposition, espacée d'au moins 50 centimètres, de solides montants devront faciliter l'aérage, le nettoiement, l'évaporation des matières fétides. Le jonc ou l'osier tressé, le fil de fer grillé, le filet serré, remplissent plus ou moins bien ce but. La toile de canevas nouée à des chassis et que l'on rechange et lave à volonté sans qu'il soit besoin de la garnir de papier pour retenir les vers, nous a paru mieux convenir encore.

Ce qu'il faut surtout éviter ce sont les tablettes en planche qui se pénètrent de l'impureté des litières et n'offrent aucun aide à leur dessiccation.

La dimension de ces tables de travail dépendra de la grandeur et de la hauteur de l'atelier. Elles auront au moins une longueur de 1 m. 20 c., et seront calculées de façon à fournir un peu plus d'un mètre carré par grammes d'œufs soumis à l'éclosion. On évitera de les placer près des murs ou les unes contre les autres. Des passages partout ménagés faciliteront le service et la surveillance. Des échelons ou des tabourets roulants, permettront d'atteindre aux tables supérieures, et l'œil et la main des actives sous-maîtresses, pourront être ainsi constamment à portée de leurs élèves malades ou indisciplinés.

Nous ne citons que pour mémoire le système des claies mobiles, que l'on descend et remonte sans être obligé de s'élever soi-même jusqu'aux vers voisins du plafond. Le prix de cet appareil, les difficultés qu'il offre au *boisement*, lors de la montée des chenilles, ne le feront jamais établir que par de riches et rares cultivateurs.

XV.

Comme faisant partie essentielle du mobilier de la magnanerie, nous devons parler des filets de chanvre et des papiers-filets. Leur usage, quoique récent dans nos pays, date des premiers siècles de l'éducation séricicole. Ils sont l'intermédiaire constant entre l'homme et le ver à soie. Par eux seuls on manipule les vers, on les éprouve, on les choisit, on les transporte, on les *délite*, on les *dédouble*. Ils servent, en outre, à distribuer également la feuille et à la semer, comme à travers un large tamis, sur les jeunes appétits des premiers âges. Tout le monde a connaissance et profite du perfectionnement économique des papiers-filets (1). Sa pose sur les tablettes, la jetée des feuilles qu'il supporte et qui attirent les vers bien portants sur une nouvelle surface par le passage de trous proportionnés à leur taille, l'enlèvement subit et fréquent de ce plateau de mangeurs, le nettoiement de la litière laissée par eux à l'ancienne

(1) Nous nous cachons dans une note, au bas de notre page, pour oser dire du mal du *papier-filet*, si en vogue aujourd'hui dans les établissements les plus recommandables. La limite, toujours restreinte, de leur dimension, leur facilité à se briser, leur prompte pénétration sous la souillure des litières, l'impossibilité de les laver et de les utiliser une seconde fois, etc., voilà une partie de leurs inconvénients ; à tout cela ils n'opposent que deux avantages : l'économie d'un premier achat et la facilité d'être découpés et placés à volonté dans la mesure des plus petits espaces.

place, le report successif de filet en
en filet et de table en table, jusqu'au
complet balaiement de chaque étage ,
sont choses de toute pratique et de
toute localité. Nous n'avons qu'à
marcher, en prenant avec nous, chemin faisant, cet ingénieux bagage ;
à deux pas d'ici, il va falloir le dé-
ployer.

LA GRAINE.

XVI.

Autant dire la *poudre !* Ces grains obscurs ne contiennent-ils pas, eux aussi, la vie ou la mort de milliers d'hommes dans le mystére de cette explosion de l'être, qu'on désigne par le nom plus doux d'éclosion? N'est-ce pas avec l'anxiété d'un mineur que nous attendons, chaque année, le succès ou le sinistre de cette traînée de graines qui va sous les toîts de nos ouvriers, faire sauter ou laisser retomber la misère, plus lourde. plus

écrasante, qu'avant. la chûte de l'espoir? Tout est là, dans cet œuf ténébreux ; depuis le rayon d'or qui doit
réjouir et vivifier le seuil du pauvre,
jusqu'à l'étincelle de feu qui peut
troubler la paix de l'Etat.

Voici le mois où les mûriers ouvrent
leur premières feuilles ; ils semblent
tendre la main à l'insecte qu'ils sont
chargés de nourrir: Ils l'appellent, ils
le fêtent d'avance, en *arborant*, sur
chaque branche, ces petits drapeaux
verts que le printemps fait partout
surgir. Alors les hommes s'inquiètent.
Ils commencent à remuer et à étendre devant eux les graines inconnues
que l'Orient leur a jetées par dessus
les mers. Les villes s'interrogent ; les
campagnes prient ; le moment sus-
pend l'année. Le ver tient·l'artisan ;
le Seigneur tient le ver ! *A demonio
meridiano, libera nos!*

Quel événement que celui-là, et
combien peu cependant, de ceux qu'il
préoccupe ou qu'il domine, ont su.lui

donner leurs attentions et leurs concours ? La chose la plus précieuse, celle d'où tout dépend, est la plus maltraitée, la plus secouée, la plus négligée ; le chapitre qui en traité dans les ouvrages de sériciculture, est le moins important, le moins complet, le dernier. Nul n'a encore réfléchi au secret profond de la graine. Nul ne l'a prise délicatement entre ses doigts et entre sa pensée pour en étudier la constitution, les conditions, la conduite naturelle et sûre. On a cherché longuement dans la vie du bombyx les causes de maladie ou de faiblesse antérieures à cette vie même. La fin a été étudiée avant le commencement. L'éducation s'est appliquée à l'animal déjà formé, déjà adjugé à sa destinée, et elle a oublié l'enfant, le nourrisson, la petite larve imperceptible et vagissante dans une coquille grise.

N'allons pas aussi vite, ne suivons pas les mêmes errements, entrons dans l'œuf du ver à soie avec notre intelligence, assez vaste pour pénétrer les plus microscopiques atomes, assez étroite pour refuser quelquefois passage à la vérité.

XVII.

Nous n'encouragerons guère pour l'année présente assise comme elle est sur des graines étrangères, les éducateurs inquiets. Selon nous ce qui est le plus funeste aux œufs, c'est en effet leur entassement dans des boites, leur transport, leur pression et leur roulement les unes sur les autres. Rien ne nous ferait acheter des graines ainsi traitées, que le manque absolu de sujets pour nous en fournir. Les cahots des voyages, les incommodités et les coups mutuels d'une confuse mêlée, le maniement des râcleurs, des peseurs et des acheteurs, ne sont pas, croyez-le bien, insensibles aux germes que l'on ne voit pas. Ils se ressentent plus tard de toutes ces émotions brutales. Enfermés dans l'œuf, ce vagin mobile, comme d'autres le seraient dans le sein de leur mère, tout ce qui se passe à l'extérieur, tout ce qui les touche, a son influence indirecte sur leur existence future. On n'y prend jamais garde, et néanmoins, si minutieuse que paraisse notre observation c'est là, c'est dans cette graine qu'on ne ménage pas, que se décide l'avenir.

Loin donc de voir d'un œil de confiance ces importations, souvent frauduleuses, toujours souffrantes, dont nous attendons le salut et la réhabilitation des races, nous les condamnons, au moins dans la manière dont elles sont faites. La parfaite culture des vers à soie ne saurait partir d'une telle origine. Ce n'est point non plus à l'éclosion de la graine, quelle qu'elle soit, que commence l'année classique de notre insecte et la série des enseignements qu'il concerne.

Nous remontons par la force et la
nécessité même des choses, à la sortie
de l'œuf, à la fécondation des papillons, et au choix des cocons destinés à
la reproduction de l'espèce. Devançant
ainsi l'ordre des opérations annuelles
nous rattrapons celui mille fois plus
important de la réalité et de la vraie
méthode.

XVIII.

Ce que nous venons de dire de la
nature impressionnable de la graine,
s'applique également aux cocons générateurs. Eux non plus ne doivent pas
être pressés, palpés, détachés, dépouillés, percés comme s'est risqué, jadis, à le conseiller le savant Dandolo.
La chrysalide, sans doute effrayée, se
contracte, se resserre à l'intérieur, lorsqu'elle apperçoit. l'ombre géante des
doigts humains sur sa vitre soyeuse,

lorsqu'elle sent la secousse donnée à sa maison, ou qu'elle entend le craquement de ses constructions dont on éprouve la solidité ou l'épaisseur. Ces paniques surprises sont autant d'atteintes à son tranquille développement. Souvent elle en tombe malade, sans secours, sans le remède de l'air ou des feuilles, isolée qu'elle est dans sa petite chambre ronde, tapissée de jaune, où en hâte elle se brode des ailes pour fêter la nouvelle vie. Lorsque l'heure sera venue de partir, vous étonnerez-vous de la voir sortir chétive, à peine vêtue, triste et terne, indifférente et faible pour les ardeurs de l'accouplement ? Ne sera-ce pas votre faute si elle ne produit plus que des œufs mal faits, peu viables, prédisposés déjà à toutes les infirmités de l'exil ?

La première précaution à prendre sera donc de ne point manier les cocons, de ne point les palper, soit disant pour s'assurer des meilleurs et déterminer entre les mâles et les femelles un nombre à peu près équivalent. Ce choix est, certes, plus nuisible qu'avantageux; la nature doit, sur une quantité donnée, séparée au hasard, avoir mieux pourvu que nous ne pouvons le faire à cet équilibre des mariages des nymphes. Nous nous contenterons d'enlever parmi les bouquets de bruyère dont on a disposé les rameaux sous les claies à l'époque de la *montée*, les premiers garnis, c'est-à-dire ceux dont la grappe, plus fournie, dénote par la même une vitalité plus ardente. En détacher les cocons évidemment manqués, inachevés, tachés dont les vers sont fondus ou pourris, dans l'encre de la décomposition, comme on retranche d'un arbuste couvert de boutons, les vieilles têtes flétries des fleurs avortées, sera la seule opération permise au cultivateur. Il n'aura qu'à placer à part, en lieu chaud, ces branches chargées de cocons vivaces dont les plus petits ne seront peut-être par les derniers à naître et à féconder.

On nous objectera ici l'impossibilité de peser ces cocons ainsi attachés à des branches de bruyère avec défense d'y toucher. Nous répondrons que puisque nous ne tentons point le triage entre ceux qui renferment des mâles et ceux qui contiennent des femelles, cette opération a peu d'importance. Pour déterminer d'avance la quantité de graines que l'on désire obtenir, on n'aura, du reste, qu'à compter le nombre des cocons triés en se souvenant que le chiffre de 460 cocons, par exemple, dont se compose en moyenne un kilogramme, peut fournir 90 à 95 grammes de graines.

Ainsi, pas d'aide au travail caché des chrysalides, mais aussi pas d'obstacles autres que ceux sagement opposés par la nature. Les cocons n'auront point été secoués ni manipulés, leur bourre continuera de les envelopper ; et si elle embarrasse quelques papillons, si quelques uns, impuissants, ne peuvent parvenir à s'en dégager et à s'y ouvrir un passage, eh ! bien tant mieux ! c'est précisément là l'épreuve. C'est l'énigme à débrouiller, celui qui n'en triomphe pas était indigne d'aller plus loin. La vie n'était qu'à ce prix. Le ver, maladroit ou maladif succombant dans l'effort prévu du percement de son cocon, succombe à juste titre dans l'intérêt de l'espèce. Il n'aurait pu, inconsidéremment aidé par nous, qu'enfanter une postérité misérable, il ne méritait point de passer papillon !

On voit combien prévoyante est la loi qui établit une sorte de douane ou de frontière difficile à la limite de l'état d'individu et de l'état de générateur. Le cocon protége le ver isolé et il prévient la race entière des funestes reproductions ; il porte en lui-même son élan et sa mesure ; construit par la chenille il l'oblige, comme un titre de noblesse, à vaincre ou à mourir. Tu t'es muré là dedans, pauvre reclus, à toi d'avoir bien calculé de tes force pour en sortir transformé !

Fixée à l'endroit même qu'elle s'est choisi et qu'elle a disposé, la nymphe vigoureuse quittera donc aisément sa demeure. On n'aura pas besoin, comme cela se pratique journellement, de coller et par conséquent d'humecter, dangereusement, les cocons assemblés sur des feuilles de papier; ou bien encore, unis par des fils, de les suspendre poétiquement, sans doute, comme des chapelets ou comme des constellations aux plafonds des chambres obscures, où ils font songer que nos étoiles de nuit pourraient bien recéler aussi quelques pupes merveilleuses, prédestinées à percer un jour leurs cocons de lumière !

XIX.

Près de trois semaines s'écoulent dans l'attente des papillons; pendant ce temps la chrysalide s'agite, se tour-

mente dans les convulsions d'une py-
thonisse, déchire sa vieille robe de
chenille, qu'elle parvient à voir tomber
toute plissée à ses pieds comme dans
un changement de chemise; puis pâ-
lissante d'un dernier transport, elle
tire ses ailes de leur moule, applique
sa bouche aux parois de sa cellule
qu'elle dissout en un point avec une
salive particulière, écarte le fil ou la
bourre, et se révèle enfin à l'espace. Un
beau matin le soleil se lève et les voilà
toutes à l'envi qui se montrent et volè-
tent successivement jusqu'à la troisième ou la quatrième heure. Il faut être
présent à cette intéressante appari-
tion, recommencée et achevée les jours
suivants. Les papillons de chaque
sexe sont alors parfaitement recon-
naissables; outre leur poids qui est de
beaucoup supérieur, les femelles, lourdes et calmes, ont le ventre plus arrondi, plus volumineux, plus allongé;
il doit, en effet, contenir bientôt 5
ou 600 œufs, les mâles sont petits,

au contraire, et leur air empresse,
leurs antennes noires grandes et ren-
versées comme des moustaches, les
fait de suite distinguer.

En les saisissant doucement par les
ailes on s'empare des uns et des
autres, on les sépare à mesure qu'ils
naissent et on les emporte sur des
linges dans des pièces fermées où ils
se prédisposent par l'ombre et la retraite, à l'œuvre final de la reproduction. Là, ils se vident d'une sorte de
liqueur rousse, résidu du travail de
la métamorphose ; ils se sèchent à
l'air en relevant ou en rabattant
alternativement leurs ailes ; ils son-
gent à voler à leurs éphémères amours

Après une grande heure d'une telle
méditation, on les rapproche, on les
accouple en les plaçant deux à deux,
côte à côte et en groupes assez éloignés
pour que les ébattements voisins ne
les distraient point ; immédiatement
l'union s'opère ; elle dure longtemps.
Ce n'est que vers le soir, plusieurs

heures passées ensemble, que le mâle
bat des ailes comme épuisé; on le
retire alors et de crainte qu'il n'es-
saye de se jeter, tout infirme qu'il
est, sur d'autres femelles encore vier-
ges, on le tue sans pitié. Après tout
il serait mort les jours suivants, tout
aussi bien que la femelle, puisque ils
n'ont tous deux, aucun organe de nutrition, le but mystérieux est rempli :
la conservation est assurée ; qu'a besoin de manger l'individu, et à quoi
sert-il ?

XX.

La ponte des femelles ne se fait pas
attendre. Quelquefois la gestation des
œufs est accomplie, dans l'espace
d'une heure. Aussi aura-t-on soin
de déposer sans retard les papillons
fécondés sur des pièces de toile
non apprêtées, et d'une grandeur dé-

terminée par celle de la *couveuse* que nous allons plus loin présenter (1). Ces pièces ou carrés d'étoffe, aussi multipliés qu'il sera nécessaire , vu leur dimension obligée et le nombre des pondeuses, seront tendus contre le mur, ou mieux encore , inclinés sur un chevalet ou pupitre en forme de lutrin. Cette pente favorisera la promenade des femelles qui vont, pour ainsi parler, y écrire leurs œufs avec le soin que la maternité leur inspire. Une façon de queue qui est pour elles l'organe d'un tact prévoyant, s'assure d'abord de la nature de l'emplacement. Puis elles commencent à expulser un œuf qui adhère de son côté plat et par le liquide visqueux dont il est enduit, à la toile étendue, puis un second, puis un troisième, puis tous les autres, prenant à chacun cette attention de le déposer sur une place vide,

(1) Cette grandeur sera, suivant notre modèle, 30 centimètres de long sur 22 de large.

évitant par dessus tout de les entasser comme nous venons de le recommander nous même en blâmant l'envoi banal des paquets de graines (1).

Ce travail de la ponte se reprend et se continue en s'affaiblissant pendant trois jours environ. En général les neuf dixièmes des œufs sont jetés dans l'espace des premières vingt-quatre heures. La femelle vidée, diminue, se racornit, se dessèche, elle retourne à la cendre, ayant transmis à son tour le feu sacré de la vie.

Quant aux œufs restés sur les toiles, ils passent successivement par toutes

(1) Ce serait encore ici le cas d'admirer la disposition providentielle qui fait adhérer les œufs à la place même où il sont déposés par la femelle. Cette adhérence, que justifie et nécessite, sur les feuilles des arbres où les bombyx vivent en liberté, l'agitation des vents et les secousses de l'hiver, est pour nous, éducateurs, un signe de résistance au blâmable détachement des graines. La nature nous donne la leçon et nous n'avons qu'à la répéter.

sortes de teintes avant d'arriver au gris ardoisé qu'ils conservent l'hiver. D'abord jaunes, bruns, rousseâtres, et enfin gris, ils deviendront plus tard, au retour de la chaleur, bleuâtres, violets, cendrés, jaunâtres, et puis blanchâtres, suprême pâleur, celle de l'émotion du ver qui va éclore. Nous citons à dessein ces différentes modifications pour faire appuyer davantage sur notre premier principe d'éducation : *la sensibilité extrême des œufs.*

Nous nous garderons donc bien de les détacher jamais de la toile où la femelle les a fixés. Nous les y laisserons collés, sauf, pour les peser, à s'assurer, par une mesure préalable à la ponte ou postérieure à l'éclosion, du poids de l'étoffe que l'on déduira du poids total.

Étendant ensuite, par dessus ces étoffes richement brodées, des voiles de mousseline, nous roulerons le tout précieusement et l'enfermerons dans

de larges caisses déposées en un endroit convenable, ni chaud, crainte
d'éclosion précoce, ni humide, crainte
de détérioration funeste, où durant les
mois d'attente nous irons les visiter
en nous abstenant toutefois encore de
dérouler ces pages inédites, avant que
le soleil du printemps soit revenu pour
les traduire.

XXI.

Assurément le trafic de la graine
sera rendu moins commode par ce
système de conservation. Mais ne sera-
ce pas plutôt un bien? Ne vaudra-t-il
pas mieux que chaque cultivateur pro-
duise lui-même ses générations et les
obtienne certaines? Que chacun se pi-
que d'émulation et se fasse un honneur de perpétuer dans ses magnaneries des races qu'il vantera comme
supérieures à celles du voisin et qui,

à tout le moins, seront bonifiées, soignées, perfectionnées dans la légitime satisfaction du pépiniériste qui améliore ses fruits? Encore ne serait-il pas impossible de vendre les rouleaux de toile tout garnis et énfermés dans des boîtes. Un léger obstacle au commerce des graines ne peut en tous cas contrebalancer l'avantage immense de posséder des œufs parfaitement sains, et tenus jusqu'au moment de l'incubation à l'abri des influences, des contacts et des pressions mutuelles.

Ce moment venu, ou plutôt apprécié par la sagesse du cultivateur qui avisera à commencer après les gelées, avec les premières feuilles de mûrier et à finir avec les feuilles en pleine maturité; ce moment décidé, on redressera doucement les pièces de toile pour les enfermer dans la *couveuse*. Ni on ne râclera les graines heureusement attachées pour l'assistance du ver au sortir de sa coquille, ni on ne les soumettra à un pernicieux lavage d'eau ou d'abondance, ni on ne contrariera en aucune manière l'ordre et la disposition de la femelle qui les a ainsi pondues en sachant mieux que nous ce qu'elle faisait.

La nécessité d'élever en même temps, et comme au pas, les vers qui composent une magnanerie, prédétermine cette autre d'une éclosion autant que possible simultanée. La nature qui a pour la suite ses moyens et ses ressources à elle s'embarrasse peu de ce premier détail. Les œufs livrés à l'action des influences ordinaires ne s'ouvriraient en effet que lentement et inégalement, chacun suivant son air et son idée. De là les tentatives faites pour arriver par un chemin à la fois court et sûr à l'incubation artificielle des graines. Tout a été essayé, depuis les procédés les plus tendres, comme celui de ces honnêtes paysannes qui prêtent aux œufs la douce chaleur de leur sein, jusqu'aux plus violents, comme le chauffage à la vapeur ; aucun n'a triomphé.

Ayant éprouvé, pour notre compte, *les couveuses* ou *chambres d'incubation* que proposent les meilleurs praticiens, nous avons été amené par l'imperfection de toutes à chercher, selon nos faibles moyens, un appareil qui satisfît à un si grand projet.

Si nous ne nous abusons pas, si nos succès ne sont point l'effet d'un hasard obstiné, notre nouvelle disposition sera certainement accueillie. Qu'on nous permette de l'exposer au lieu et place de toutes les autres.

XXII.

Prenant comme base fixe le chiffre minime de trois onces, ou 90 grammes de graines qui sont le produit d'un kilogramme de cocons ou autrement dit d'un nombre d'environ 500 cocons heureusement conduits. Nous allons déterminer exactement les proportions de notre appareil. Bien entendu que chacun sera libre d'en construire de plus grands ou même de plus petits, suivant le plus ou moins d'extension donnée à son entreprise. Le nôtre ne suppose encore une fois qu'une provision de 90 grammes de graines étendues et réparties, comme on va le voir, sur six petites toiles, ayant 30 centimètres de long et 22 de large, ce qui suppose, dans notre premier calcul, que quatorze femelles environ ont déposé leur ponte sur chacune des six toiles, portant ainsi chacune 15 grammes d'œufs.

La couveuse, où ses toiles vont être introduites, se compose d'abord d'une caisse carrée offrant intérieurement une capacité de 31 centimètres dans tous les sens de ses parois. Cette caisse sera construite en bois dur et sec, tel que chêne ou noyer. Espèce d'armoire, elle présentera, sur une face, six plan-

chettes en figure de tiroir partant du
haut et séparées seulement par de min-
ces traverses contre lesquelles elles
joindront parfaitement. Ces planchettes, que l'on pourra tirer par de petits boutons adaptés à cet effet, amè-
neront avec elles six chassis tendus
de filets et jouant jusqu'au fond de la
caisse sur des rainures délicatement
pratiquées dans des règles d'un centimètre d'épaisseur qui seront placées
de chaque côté, à environ 4 centimètres des parois latéraux; ce qui donne
à comprendre que les chassis, bien
que touchant le fond de la caisse, et
ayant 31 centimètres de longueur,
laisseront cependant de chaque côté
un double espace de 4 centimètres,
et n'en n'auront que 23 de largeur. Sur
les chassis se pourront donc placer
très à l'aise nos six toiles garnies d'œufs
et de dimension moindre (30 centimètres sur 22).

Quant à la distance des étages de
chassis, et par conséquent à la lar-

geur des planchettes extérieures qui les mesurent et les désignent, elle sera de 3 centimètres, excepté entre le 5e et le 6e chassis où on réservera un espace de 5 centimètres.

Cet espace plus grand permettra à un *arbre*, d'un centimètre de diamètre au moins, de traverser d'un côté à l'autre de la boîte sans gêner l'éclosion et de communiquer un même mouvement à deux grandes roues à palettes qui se pourront mouvoir dans le vide des quatre centimètres réservés à droite et à gauche des chassis mobiles ; roues dont les palettes, toujours suivant notre système de ventilation, seront inclinées et posées en biais sur les extrémités de l'arbre, élargies en façon d'essieu, de telle sorte, qu'en tournant, chaque palette regardera les chassis, et chaque roue convergera son action vers le milieu de la caisse. Ces roues, dont le centre correspondra à peu près à celui des flancs de la boîte, auront le plus grand diamètre possible, c'est-à-dire 13 à 14 centimètres et décriront, dans leur mouvement de rotation, un cercle inscrit dans le carré des côtés.

Il suffira pour les mettre en activité d'adapter à l'un ou l'autre flanc une toute petite manivelle qu'un enfant tournera le plus souvent et le plus vite possible durant les jours et les heures de l'incubation.

Puisque chaque étage, en comptant les deux centimètres de supplément du 6ᵉ, occupent en tout 20 centimètres en partant du haut de l'appareil, il reste donc dans le bas un vide de 11 centimètres. Ce vide, où se fera, du reste, également sentir l'action du battement des roues, est à dessein ménagé pour éviter un jet trop direct de la chaleur en dessous du 6ᵉ chassis. En effet, à la base sera le foyer ; il consistera uniquement en une petite coupole de verre ou de métal, de 8 centimètres de circonférence , emboîtée et fixée dans le plancher (1). Sous cette voûte, ressemblant au timbre d'une sonnerie, une flamme d'esprit de vin tendra incessamment sa langue à pointe bleue. Enfin, pour faire place à l'installation d'une lampe, tout l'édifice sera monté sur quatre pieds, posés aux quatre angles, et de la grandeur qu'il sera jugé nécessaire.

Que l'on veuille bien réfléchir, se figurer les parties et l'ensemble de cette boîte d'incubation, on y trouvera réunis tous les avantages désirés et prévues toutes les difficultés.

Quoi de plus simple que de caser les pièces de toile garnies d'œufs sur le filet des chassis que de chauffer

(1) Il ne sera pas très-cher d'employer l'argent pour la fabrication de cette cloche à feu, et ce métal aura l'avantage immense de s'échauffer sans s'oxider, sans se ruiner lui-même, sans dégager des gaz plus ou moins nuisibles ou délétères. — S'adresser du reste, pour tout éclaircissement au sujet de la *couveuse*, à **M. Roux**, quai Saint-Antoine, 36, à Lyon.

l'intérieur au degré voulu par le moyen de la lampe et sous le guide d'un petit thermomètre qu'on logerait aisément dans l'espace de la partie inférieure? Quoi de facile comme de tourner la manivelle des roues, et par quelle salutaire action remplaceront-elles toute prise d'air, et toute humectation atmosphérique, deux choses également dangereuses et que toujours nous évitons!

La visite de l'éducateur, faite de temps à autre pour constater le degré de chaleur déterminant celui de la germination des œufs, s'opèrera on ne peut plus commodément en tirant tour à tour chaque planchette des chassis. Par là-même, l'air nouveau entrera en assez grande quantité; quelques balaiements de roues pourraient en ce moment suffire à chasser à l'extérieur les miasmes impurs. Mais habituellement le seul battement des ailes ou palettes donnera à l'air chaud et concentré de l'inté-

rieur la force, l'àme, l'entrain nécessaires à l'évocation des jeunes vers. Ils
seront, dès leur premier réveil, ac-
cueillis par une sorte d'illusion atmosphérique qui leur fera oublier la cage
étrangère où on les sollicite de
vivre.

Pour aider encore au prompt chauffage de notre appareil, il sera bon de
jeter sur le tout, comme sur la boîte
d'un daguerréotype, une couverture
en laine qui fermera plus hermétiquement les jointures et que l'on n'aura
qu'à soulever par devant lorsqu'on
voudra visiter les chassis.

Sa chaleur étant montée graduellement jusqu'à 20 degré Réaumur et s'é-
tant égalisée à tous les étages par l'agitation régulière des roues, les vers sortiront pleins de vie et d'ardeur en différentes levées dans chacune des trois
ou quatre journées de l'éclosion. Sans
peine ils se débarrasseront de leur coquille restée fixée à la toile. On les
verra pulluler au souffle brûlant de leur

demeure. Ce sera l'instant de leur donner les premières feuilles du mûrier sauvage, de les classer par ordre de naissance et d'achever l'œuvre si influente de l'incubation en commençant celle de l'éducation pour laquelle nous venons d'assurer toutes les garanties de notre expérience.

LES AGES.

XXIII.

On a justement appliqué aux vers à
soie que nous élevons en charte pri-
vée, la frissonnante devise écrite avec
le sang des têtes coupées : *l'Égalité
ou la mort*. Cette égalité est toutefois
entièrement relative et seulement ap-
plicable à chaque catégorie de vers
soumis à un même régime. L'inégalité dans la marche générale des divisions est au contraire le soulagement
du cultivateur ; elle lui permet de res-
pirer, de rendre tour à tour aux uns

ce qu'il vient de faire aux autres, d'alterner en un mot son travail. Mais pour les vers élevés et nourris à la même table, pour ceux qui vont ensemble dormir ou s'éveiller aux crises communes des mues, on conçoit que la plus parfaite égalité soit indispensable. Les dormeurs retardataires seraient bientôt ensevelis sous les débris des mangeurs devanciers et gloutons. Il deviendrait impossible de retenir ceux-ci, de rappeler ceux-là, et quelle que soit la succession des causes d'inégalité on n'arriverait au dernier des âges qu'avec un petit nombre de braves, élite d'une armée, à chaque campagne, décimée.

Ce sera l'affaire des plus adroites ouvrières que d'obtenir, par le ménagement des appétits et la distribution des feuilles, l'équilibre des sujets naissants. Elles couperont les feuilles en menues portions, avec un couteau destiné à cet effet, et dont la lame sera tenue constamment pure; elles les sèmeront ensuite, d'une main légère et exercée, ou, si elles le préfèrent, au moyen d'un petit filet-tamis, sur les toiles de la couveuse, déjà peuplées de petits vers, et où l'on aura préalablement étendu des pièces de tulle grossier ou de canevas très-mince de la grandeur même des petites toiles. Durant les trois jours où l'éclosion s'opère, de neuf à quatre heures, elles aviseront à former des séries différentes, en rapport avec l'abondance des chenilles ou l'importance de l'établissement. Il y aura en tout cas et au moins autant de divisions que de journées; quelquefois même on les multiplie à chaque heure, sauf plus tard à les *refondre*, à les grouper entre elles par les ressources d'égalisation dont le degré de chaleur et la quantité de nourriture nous laissent maître.

Les pièces de tulle ou de canevas à mailles assez larges pour laisser passage aux têtes affamées, assez légères pour ne pas écraser les petits

corps qui s'agitent, serviront à enlever par surprise ces diverses catégories de dessus les toiles de la couveuse;
puis elles seront logées séparément
sur les tablettes de la magnanerie (1).

Là, dans une température que l'on
ramènera peu à peu de 20 degrés (celle
de la couveuse même) à la moyenne
d'environ 16 à 18 degrés, on répartira
les vers sur un espace proportionné
à leur âge et on leur distribuera de
fréquents repas, toutes les deux heures, jour et nuit (2). On pourrait presser
ceux du jour et supprimer ceux de la
nuit, entre onze heures du soir et trois
heures du matin; mais à condition

(1) On négligera les derniers nés, retardataires
isolés et mauvaises recrues.

(2) On organisera à cet effet un service nocturne. Quant à l'éclairage, par un souvenir et
une prédilection toute particulière pour l'œuvre
de nos vieilles abeilles, nous souhaiterions
qu'elles vinssent prêter ici leur concours aux
vers à soie. Si la cire était enfin plus cultivée,

d'abaisser la température des chambres, ce qui est toujours nuisible, imprudent, ou retardatif pour la durée générale des éducations.

Il n'y a point, au contraire, d'inconvénient à satisfaire impérieusement l'appétit des jeunes vers; cette dépense de feuilles se retrouvera toujours dans le produit plus abondant de la soie. La seule mesure, selon nous, est dans la retenue des vers ; on peut s'en rapporter à leur instinct. Un homme est libre d'abuser des biens dont on l'entoure ; il lui arrivera de convertir la satisfaction du besoin en la jouissance de la passion, la faim en voracité, l'attrait en orgie ; jamais l'animal, lui, ne dépassera sa borne et ne forcera sa loi. Un génie a ses chutes ; un insecte

plus abondante et moins inabordable aux bourses économiques, sans contredit son usage devrait être le seul dans nos magnancries comme dans nos foyers. Il y a toute une hygiène dans les saintes émanations des cires brûlantes.

ne saurait avoir ses faiblesses. Que l'on ne craigne donc point pour la chenille une indigestion de mûrier, elle n'en prendra que ce qu'il lui faut pour prospérer. De même, la vache qu'on laisse paître jusqu'au soir dans les prairies ombreuses des vallons, ne broute, attentivement penchée sur l'herbe fine, que ce qui lui est nécessaire pour élaborer et fournir son lait, sa crème et son beurre du lendemain.

A l'approche de la mue, on verra les petits vers dédaigner d'eux-mêmes les provisions présentées ; alors, qu'on s'abstienne de les accroître, ils ne feraient qu'épaissir la litière des premiers endormis.

Nous ne nous perdrons point ici dans les calculs tout à fait de circonstance locale des rapports de la graine et de la feuille, de la plantation et de la consommation ; le cultivateur y pourvoira selon les données à lui particulières. Chaque année il pèsera ses feuilles, il balancera ce que ses arbres en rapportent, ce que ses vers en dévorent ; il estimera sa dépense et son profit ; il arrivera à connaître ainsi, d'une manière précise, la quantité d'arbres qu'il doit planter pour obtenir tel ou tel autre poids de cocons. Toujours est-il qu'il fera sagement de se ménager plus de feuilles que le strict nécessaire. Trop ne peut nuire. Les mûriers non cueillis une année doubleront leur chevelure pour la suivante.

Les feuilles du mûrier sauvage seront les seules distribuées dans le premier âge des vers comme dans le suivant. Il est entendu qu'on les donnera non-seulement *mondées*, c'est-à-dire dégagées des brindilles et des rameaux, mais divisées en morceaux ; cette division permettra aux petits vers de les attaquer et de les mordre, par des tranches plus nombreuses, à peu près tous ensemble ; elle préviendra l'ensevelissement des plus lents ou des plus faibles ; elle facilitera la régula-

rité et la rapidité de la distribution.
On continuera ce procédé jusqu'au
troisième âge inclusivement, et, jusqu'au dernier, en coupant toutefois
moins minutieusement les feuilles
plus larges et plus robustes, comme
celles du multicaule.

Toujours les feuilles devront être
données fraîches, et par conséquent
ramassées à mesure et quotidienne-
ment comme le pain du ver à soie.
On les déposera, en les étendant sur
le carrelage, dans des pièces basses,
peu éclairées et dont les fenêtres res-
teront ouvertes, la nuit, au regard des
étoiles et au toucher de la rosée.

Rappelons enfin que chaque feuille,
contenant proportionnellement une
grande quantité d'eau, le ver à soie
qui l'absorbe ne peut la rendre que
par les pores de son corps, il la sue;
c'est là, pour lui, la seule voie de dé-
gagement. Assez d'humidité s'évapo-
rera incessamment dans l'air qui l'entoure ; provenant de la manducation

de la feuille ; cette transpiration cons-
tante, les ventilateurs sont là pour la
faciliter. Mais, y ajouter encore par
l'arrosage des chambres ou par des
vases d'eau bouillante placés sur les
foyers, c'est risquer de forcer la satu-
ration naturelle de l'atmosphère et
d'affaiblir la constitution des vers :
c'est augmenter volontairement toutes
les chances de maladie.

A aucune époque de l'âge des vers
nous ne conseillerons donc de mouil-
ler les feuilles, excepté le cas où n'en
ayant que de flétries, on est obligé,
pour s'en servir, les relever, les rendre
craquantes et appétissantes, de les
asperger d'une légère quantité d'eau.

L'eau est l'ennemie intime des vers
à soie; par elle se communiquent tous
les malaises, s'entretiennent toutes
les indispositions. Lors même que l'air
de l'été paraît brûlant, *étouffant*, et
qu'un accès de chaleur abat l'homme
et les animaux, on doit s'abstenir
d'arroser, autrement que pour le ba-

layage, les planchers de la magnanerie; cette évaporation tiède ne ferait qu'aggraver la prostration publique.

A tout événement nous répondons par l'action intelligente de nos ventilateurs : les *touffes humides* comme les *touffes sèches* seront par eux seuls conjurées.

Dès le troisième ou quatrième jour de cette phase du premier âge, il sera bon de renouveler les litières composées et épaissies des débris de feuilles et des déjections des vers. Ce fumier fétide est des plus dangereux pour la santé du bombyx forcé par nous de continuer à vivre sur ses détritus. Les filets à mailles de lin serrées seront alors employés : on les étendra au-dessus des vers, on les chargera d'une couche mince de feuilles fraîches que l'on renouvellera deux heures après, et que l'on enlèvera par les quatre coins au moment où les petits mangeurs paraîtront le plus absorbés ; on nettoiera la table devenue libre, sans égard pour les quelques individus restants, et on y replacera le filet avec les vers, ainsi de suite jusqu'au bout des claies. Au prochain délitement on retrouvera donc le premier filet sous la litière.

Quels qu'aient été les soins et l'impartialité apportés dans la répartition des feuilles et dans l'entretien de la température égale en tous les points de la magnanerie, il y aura toujours, parmi tant de sujets, un grand nombre d'entre eux qui profiteront, à des degrés très-divers, et rompront l'*égalité* par leur avance ou leur retard. On y portera remède au moyen des *dédoublements*.

Ici encore les filets résoudront toute la difficulté ; il n'y aura qu'à les jeter au cinquième, et communément dernier jour de ce premier âge, pardessus les vers déjà disposés à s'endormir pour l'œuvre secrète de la mue ; lorsqu'une moitié environ sera montée

active vers la double ration d'excellen-
tes feuilles que supporte le filet, l'autre
moitié étant restée dormante et immobile par dessous, on enlèvera doucement le filet étendu et on le portera sur
une autre table ; on aura dès lors deux
séries nouvelles et distinctes. S'il y
avait sur les autres tables des séries
au même degré d'avancement on
pourrait leur adjoindre ces dernières
et simplifier par là le nombre général
des divisions (1).

Mais, continuons à suivre la plus
avancée des séries, veillons à côté de
ceux qui dorment, dormir pour eux
c'est agir ; ils s'improvisent tout bas
une seconde tunique. Ils montent si-
lencieusement un degré de leur existence, ils opèrent dans le repos ce que
le chrétien accomplit dans la lutte : la
rénovation du vieil homme !

(1) Pour ne pas se tromper dans toutes ces
manipulations, le cultivateur en tiendra note
exacte sur un livret destiné à cet effet.

XXIV.

Au réveil de ce second âge, les vers ont doublé de longueur et de grosseur, ils ont fait peau neuve. Leur museau est de couleur marron, leur corps est mat; ils ont perdu ce vernis luisant de la première enfance qu'ont aussi nos joues rondes dans les bras de nos nourrices.

Si on le juge convenable en raison de l'inégalité encore possible des réveils, il sera aisé de recommencer, après la mue, la même opération de dédoublement qui a été faite avant; dans ce cas, les premiers éveillés seront, au contraire, enlevés, et les dormeurs laissés sur la table.

La même température régnera dans la magnanerie; les distributions de feuillage seront également prodiguées, mais, en dernier résultat, inégalement abondantes. Les vers dévorent, ils mangent quatre fois plus qu'ils ne sont gros.

Un nouveau délitement sera, à plus forte raison, nécessaire; des filets à mailles plus larges seront indispensables.

Trois ou quatre jours se passent; l'engourdissement les saisit, troisième dédoublement s'il est urgent, le dernier de tous probablement si on les a adroitement exécutés; les vers sont classés : ils achèveront tout seuls leurs études.

A l'heure qu'il est, sommeil général.

XXV.

Le troisième âge nécessite un développement deux fois plus grand pour loger les vers. On aura ménagé sur les tables, entre chaque série, des espaces libres, calculés en prévoyance de ce rapide accroissement ; ce sera le moment d'en profiter en enlevant les vers à l'aide des filets de dédoublement ou en prenant avec la main les feuilles nouvelles auxquelles ils s'accrochent dès leur réveil.

Ces feuilles pourront être données entières, mais on choisira les plus jeunes et les plus tendres : même nombre de repas.

Durant les cinq ou six ours de cet âge, on continuera à pratiquer les délitements : l'état des lieux en règlera l'heure et le nombre. En cas de besoin, on renouvellera les dédoublements ; on immolera les retardataires, futurs malades, qui ne feraient qu'engendrer des causes de corruption et d'insalubrité.

XXVI.

Les vers se sont débarrassés de leur

troisième peau, les voilà longs de 25 à 30 millimètres, de couleur blanchâtre, tiquetés de points gris, déjà forts et aguerris.

Il est encore temps de prévoir la trop grande multiplication des séries jusqu'ici séparées ; leur nombre serait en effet de nature à encombrer plus tard la magnanerie, surtout à l'instant de la montée, où le cultivateur n'a plus une minute à perdre ; on réunira, on refondra, entre elles, les divisions qui se suivent de plus près, par d'ingénieuses combinaisons de chaleur et de nourriture. Ainsi, la série avancée sera transportée, quelques heures, dans la place jugée la moins chaude ; la série retardée au lieu le plus directement chauffé ; pour la première on restreindra les repas, pour la seconde on les pressera (1). Bientôt ces deux séries

(1) Un jeûne accidentel n'est jamais nuisible aux vers pourvu qu'il ne dépasse pas deux jours et qu'il coïncide avec un abaissement sensible de la température.

se rattraperont, tomberont ensemble dans le sommeil d'une même mue, et on aura simplifié, en les réunissant sur une seule table, le travail des catégories.

Dans ce même but on fera bien encore d'assembler, à chaque réveil d'une même mue, tous ceux qui, sur différentes tables, sont les premiers à se dégourdir, ce sera le seul moyen d'obtenir, à la fin des âges, une montée régulière et une construction de cocons autant que possible simultanée dans chaque classe, avantage immense que nous constaterons bientôt.

On peut restreindre le nombre des repas de moitié. Les feuilles du mûrier greffé seront distribuées entières, telles qu'on les aura cueillies.

Cependant les vers grossissent beaucoup ; ils s'étendent et s'agitent dans un vaste espace, ils s'endorment enfin pour subir une dernière crise, et se relever, tout habillés de neuf, des pieds à la tête.

XXVII.

D'abord doubles de ce qu'ils étaient à l'âge précédent, ils ne tardent pas à croître encore avec une étonnante rapidité ; les 90 grammes d'œufs retirés de notre couveuse, couvriront alors , dans la magnanerie, tout compte fait des pertes éventuelles, près de 60 mètres carrés de tablettes.

Au cinquième jour de cette époque solennelle, la grande frèze les possède tous. On entend, dans les ateliers, comme le bruit d'une averse sur le feuillage, c'est en effet un orage d'appétits qui passe par là, un gresillement de mâchoires à faire penser, en Juin, aux giboulées de Mars, aussi la consommation est-elle énorme : près de 1,500 kilog. de feuilles, suivant notre base première de 90 grammes d'œufs éclos. Les délitements devront être, en conséquence, fréquemment répétés, au moins tous les jours à partir du troisième.

La chaleur sera activée jusqu'à 20 degré; les ventilateurs travailleront et tourneront à qui mieux mieux; c'est l'instant de battre et de moudre l'air pour caresser et sauver l'insecte.

Au bout de huit jours les bombyx, à peu près définitivement constitués, auront 9 à 10 centimètres de long et pèseront de 4 à 5 grammes; leur chair sera grasse, blanche, ferme, durcissant au contact.

Bref, il y a 32 ou 33 jours que nous sommes sortis de l'œuf; nous voilà presque arrivés aux cocons; les mûriers ont livré leurs dernières feuilles; d'ailleurs les vers en sont venus, par satiété, à mépriser les restes de cette nourriture jusqu'ici passionnante; nouvellement purgés et purifiés, ils ne mangeront plus jusqu'à leur mort. Ils sont mûrs, non pour tomber comme des fruits, mais pour s'élever comme des fleurs. Déjà ils relèvent leurs têtes et leurs désirs ; ils courent, inquiets, aux bords des tables ; l'abîme les tente, le ciel les attire, ils cherchent une corde de salut ; qu'on la leur jette et de toute part on va les voir s'élancer à la montée.

XXVIII.

Bien des systèmes ont été proposés pour réunir tous les avantages des arbres où, dans l'état de nature, les chenilles se suspendent et construisent leurs nids de papillons ; il y en a de très-compliqués, tels ceux que l'on met en usage dans la fameuse ferme des bergeries de Senart, près de Paris, et de très-simples comme ceux que pratiquent nos paysans du midi ; c'est aux derniers que nous donnerons incontestablement la préférence. On n'imite la nature qu'en se rapprochant d'elle le plus possible ; moins encore que toute autre puissance elle ne prétend garantir les procédés brevetés.

Des rameaux de bruyère, verte ou sèche, de bouleau, de genêt, de colza, voire même des touffes de chicorée ou d'armoise sauvage ramassées par les vieilles femmes ou les petits enfants sur le bord effondré des routes, dans le milieu désert des champs ou à la limite confuse des grands bois, serviront également dans l'opération appelée *ramage* ou *encabanage*. Ce genre de rameaux à la fois épais et flexibles, remplira, on ne peut mieux, le but proposé : l'attraction et la détermination prompte des vers, inquiets de se fixer pour commencer leurs cocons. On disposera les branchages sous forme de berceaux entre chaque claie, de telle sorte que les tiges des plantes appuyent sur le bas et s'épanouissent en voûtes continues vers le haut. On préviendra ce que la trop forte pression des rameaux courbés

pourrait avoir de funeste pour les tablettes de toile, en préparant à l'avance des traverses de bois établies paral-
lèlement et sur lesquelles on aura
soin de faire porter l'extrémité de chaque tige. Enfin, on combinera avec
adresse l'arrangement de l'encabanage dans ces prévisions : de fournir aux
vers, et à tous les vers, le plus grand
nombre de points d'appui possible, de
faciliter leurs montées par les incli-
naisons ou courbures des divers rameaux, de ne pas mettre obstacle à
l'enlèvement des litières restantes
après l'ascension commune, de ne pas
établir des courants d'air et surtout de
tout accomplir sans écraser ou froisser
les chenilles errantes çà et là.

Quelques cultivateurs ont imaginé
de boiser les tables tout simplement
avec des paquets de broussailles, ser-
rés en balais, librement échevelés du
côté qui les incline, taillés nets de celui qui repose sur la bordure longitu-
dinale des claies inférieures. Ces tê-

tes de balais se touchent et s'entremê-
lent toutes, tandis que les pieds, légèrement étalés aux angles de chaque
table, dont on a relevé les filets comme
pour la petite nappe d'un dîner au moment du dessert, offrent une pente
douce et engageante à l'entrain ascen-
sionnel des vers.

En tout choix, il faut premièrement
prendre garde de ne ramer ni trop tôt
ni trop tard; trop tôt, on encombre les
tables, on met obstacle à la circulation de l'air, on contribue à épaissir
la litière; trop tard, les vers déjà las-
sés de leurs vains efforts, tombent à
terre après d'impuissantes recherches,
ou bien ils renoncent; en face de
l'interrogation mal faite du cultivateur, ils restent *courts* et ils demeu-
rent muets et inutiles. Le ramage se
fera donc simplement, au moment
voulu, hâtivement. Qui ne voit dès
lors la facilité apportée à ce travail
par la marche d'ensemble de tous les
vers d'une même série? Le premier

monté sera le signal des autres. Le boisement aura son heure bien marquée. Les cocons enfin, formés en même temps, pourront être recueillis au même jour et être pesés à leur premier poids.

Cependant, comme tous, quels que soient les soins prodigués, ne se lèveront jamais sous les rameaux sauveurs ainsi qu'un seul ver, il y aura encore à distribuer dès feuilles à ceux qui n'auront pas achevé leur intime provision de force ; les découpures du papier-filet, aisément introduites sous les portiques de verdure, seront alors très-avantageuses. 24 à 30 heures après le premier signal, presque toutes les futures chrysalides auront mis le museau à l'œuvre. Il ne restera plus qu'à enlever une dernière fois les litières et à nettoyer la place au-dessous des portiques où sont grimpés les vers diligents.

Ce sera un curieux et admirable spectacle que celui de tous ces tra-

vaux capricieusement entrepris, uni-
formément conduits. Pourtant, tous
n'y réussissent pas également; pendant que les uns montent hardis et
superbes jusqu'aux extrémités des
rameaux où ils vont attacher leurs
fruits de soie par grappes d'or à grosses graines ; que les autres, plus mo-
destes, cachent dans les bois leurs
boudoirs de folle bourre, tout à l'heure
si richement meublés ; il en est de mal-
heureux qui expirent sur le fumier,
dans la misère intérieure la plus af-
freuse ; qui succombent et se trouvent
ruinés au moment où il ne leur restait
plus, parvenus qu'ils étaient aux voûtes verdoyantes, qu'à bâtir leur petite demeure ; qui, au milieu d'un
ouvrage interrompu se déclarent tout
à coup impuissants à tourner le dernier feuillet; qui étouffent dans la cellule où une fause vocation les fit aveu-
glément s'enfermer ; qui rendent l'âme
dans cette douleur singulière de tenir
encore à la bouche le fil qui leur as-

surait la vie ; qui, se reconnaissant, malgré eux associés sous un double cocon, mariage indissoluble dont nul n'a dépeint les angoisses, en sont réduits à regretter le trépas ; qui vivent enfin consternés dans un sépulcre étroit qui les condamne d'avance à n'en jamais sortir ; qui meurent enfin, en plein air, *pendus*, pestiférés, que le premier frissonnement des rameaux ou le seul toucher des ouvrières feront tomber en poudre ou répandre en liquide funèbre, infect et noir !

Mais pour ceux qui mènent à bien leurs petites opérations industrielles qu'il est attrayant de les voir réussir ! Qu'il est doux à l'oreille du propriétaire de les entendre, ces bruits des vers fileurs ! quels bons compagnons ! quels braves amis ! quels chers élèves ! Ne dirait-on pas, à regarder ces insectes se démener dans l'enroulement tremblé des cocons grossissant, que ce sont là des bobines vivantes qui marchent toutes seules dans l'animation

et la secousse d'une mystérieuse lo-
commotion ? N'est-ce pas alors une
filature que la magnanerie et tous ces
manœuvres, *de la dernière comme de
la première heure*, ne mériteraient-ils
point le denier du père de famille ?
Non, Dieu ne les oubliera pas ; il règlera avec eux tout aussi équitable-
ment qu'avec nous. Au ciel l'homme
juste aura sa mesure dans l'immensité, et le bon ver, sa feuille dans
l'infini !

LES DANGERS.

XXIX.

Ils sont de deux sortes : les maladies et les ennemis. Nous allons leur faire face à tous et quelque terribles qu'ils paraissent nous ne désespérons pas de la victoire.

Quant aux maladies, leur nombre nous oblige de les attaquer une à une et nous commencerons par la plus envahissante de toutes : *la muscardine.*

On ne sait que trop en quoi elle consiste et quels sont ses ravages. D'abord, elle est invisible, et l'insecte qui en est secrètement consumé mange, se promène, remue tête ou queue comme s'il jouissait de la plus parfaite santé. Mais, tout à coup, il tombe, il est pris par la mort, son cadavre git, mou et flasque, sur la feuille, son linceul. Alors se révèle le mal caché. Une poussière grise, une moisissure, une efflorescence de plantes cryptogames envahit toute la surface de son corps. Les sucs graisseux sont bientôt absorbés par ce champignon fatal. Le mort se dessèche, durcit, s'assombrit; ce n'est bientôt qu'un brin de bois stupide.

Le plus affligeant, c'est que les germes subtils de ces plantes s'en vont, au moindre mouvement, rouler leur nuage de malheur sur les autres tables où ils pénètrent du même mal les vers faibles comme les bien portants. La muscardine est, de la sorte, à la fois contagieuse et épidémique; elle plane sur tous par ses nuées voyageuses de sporule infect, et elle se

communique par le seul rapproche-
ment des sujets.

C'est surtout pendant le cinquième
âge que va se déclarer ce redoutable
fléau. Alors la perte est grande : tous
les frais de feuillage, de chauffage et
d'établissement ont été avancés ; la
mort rapide des chenilles attaquées
les anéantit en quelques jours.

Justement émus des suites de ces
désastres les savants y ont appliqué
leur science, les praticiens leur activité, les gouvernements leur sollici-
tude. Des prix nombreux ont été proposés à l'inventeur de remèdes effica-
ces ; de longs rapports ont été lus en
augustes séances ; de gros livres lan-
cés dans le gouffre : qu'a-t-on comblé?
qu'a-t-on découvert? qu'a-t-on fait?
Rien.

Aussi, nous ne cesserons de le re-
dire à qui voudra nous écouter, ce n'est
pas dans les circonstances même de la
maladie qu'il faut chercher la cause
et porter le secours. Il en est des souf-

frances comme des fautes, c'est *avant* que la loi doit prévoir, avant que l'assistance doit prévenir. *Pendant* ou *après* sont toujours trop tard : le mal est fait, et, dans l'ordre physique de la santé des vers à soie, on peut le croire irrémédiable. Espérer guérir un insecte est aussi chimérique que de le vouloir traiter suivant une ordonnance de médecin.

Tout dépend donc de plus haut, tout vient donc de plus loin. Encore la graine! souvenez-vous en!.... Là est le secret, là est le résumé et le germe de ce qui se passera toujours ; là est l'élan, la force impulsive qui fera que l'insecte ira jusqu'au bout, décrira l'orbe complet de sa destinée, ou, échouant avant le but, s'arrêtera soudain, en faiblissant, à la rencontre d'une influence et au choc invisible d'un atome plus fort que lui.

Or, notre méthode, toute calculée dans la pensée de cette projection de la vie, garantit, autant que faire se peut, la vigueur et la vitalité des graines. Les ménagements dont nous avons entouré les cocons générateurs, nous ont donné des couples puissants. Les précautions prises pour la conservation et le respect des œufs nous ont fourni des ambryons impatients. Enfin, les dispositions toutes spéciales de la couveuse nous ont fait éclore des larves ardentes et qui sont entrées au collége de la magnanerie, sans avoir rien perdu de la force héréditaire, ni de l'élan qu'elles doivent plus tard transmettre à leur tour à une nouvelle postérité. N'ont-elles donc pas, celles-là, toutes les chances possibles de santé !

Oui, nous le soutenons, il n'y a d'autres remèdes aux maladies éventuelles des vers que la plus parfaite direction combinée dès le projet de mariage des papillons ; aux pères il faut remonter pour guérir et aguerrir les fils ; au berceau qui est l'œuf, il faut revenir pour préparer la tombe, qui est le cocon.

Nous ne présenterons donc aux différents concours et examens qui pourraient ici tenter notre ambition, comme
recette de salubrité et comme solution
du problème des maladies du bombyx,
que notre ouvrage pris dans son ensemble, que cette idée et ce fait, d'un
grand égard pour les origines de l'insecte et d'un nouvel appareil destiné à
en protéger le développement.

Plus encore, nous ajoutons que lors
même que le mal se serait néanmoins
introduit dans une magnanerie, conduite selon nos préceptes, la fonction
de nos ventilateurs pourrait être assez
heureuse pour contre-balancer l'action
de la muscardine, ou autres pestes
développées toujours en grande partie
par des coïncidence de chaleur, d'humidité et de stagnation d'air que tout
le monde a reconnues sans avoir pu les
définir.

Notons bien, en passant, que les
autres précautions ordinairement prises devront l'être encore, nous enten-

dons la propreté, la vigilance à l'égard des vers mourant, restés sur les litières après les dédoublements ou les délitements, la sage dispensation de chaleur et de nourriture, etc.

Quant aux fumigations de souffre, aux jets de chaux en poudre et autres conseils chimiques, ils ne seront d'un bon usage que plusieurs semaines avant la reprise annuelle d'une éducation, comme moyen d'assainissement et comme mesure préparatoire dans des lieux qui vont être habités.

XXX.

Ayant combattu la muscardine, nous avons, par là même, presque mis en déroute le reste du bataillon des maladies de moindre puissance; généralement ce seront les mêmes causes qui varieront ainsi leurs effets et les mêmes recours qui les préviendront.

Dans le premier âge, on aura, par exemple, à redouter la *clairette* ou *luzette*, sorte de fièvre cérébrale des jeunes vers, à la fois étouffés, affamés et emprisonnés dans les embarras des litières. Leur tête devient translucide et si grosse qu'elle ne permet pas à la vieille peau de se retirer ; ils en meurent coiffés.

Les *passis* ou *flétris*, sont les découragés, les chétifs, les livides, ceux que la ponte a manqués, et que leur force ou les soins du cultivateur viennent à trahir.

Les *gras* ou *porcs*, ceux qui, atteints d'hydropisie, n'aboutissent cependant pas à se mettre dans leur *soie*, mais dont les articulations enflées, les pattes affaiblies ne contiennent et ne portent plus qu'un liquide laiteux dans lequel ils laissent noyer leur instinct et leur vie; on appelle encore ces vers les *jaunes*, à raison de leur couleur maladive ; évidemment ce sont des victimes de l'humidité, du lavage des graines ou de l'arrosage des magnaneries.

Les *courts* sont une dernière catégorie de misérables qui viennent à avorter à l'heure du coconage, soit qu'ils n'aient plus l'entrain de vivre, par conséquence du mauvais traitement des œufs ou par défaut de ventilation durant le cours des âges, soit qu'ils manquent, par l'unique faute du cultivateur, d'espace ou de facilité pour suspendre leurs premiers fils.

XXXI.

Courant avec les maladies, rôdant avec elles autour du précieux troupeau, il est encore une foule de petites bêtes méchantes dont la chenille est le plus succulent morceau. En pleine nature cette recherche friande qui ne s'applique, dans nos pays, qu'aux chenilles nuisibles, est au contraire le salut des jardins. Oiseaux et lézards, guêpes et crapeaux, grenouilles et araignées, fourmis faisant la chaîne en noires traînées, scarabées cahotant sous les fleurs leurs capotes dorées, tous guettant, attrapant, happant, engloutissant, suçant, rongeant, émiettant les corps velus des chenilles pullulantes, tous sont nos alliés, nos aides-jardiniers. Il en est autrement lorsqu'ils parviennent à s'introduire dans nos ateliers de magnanerie. On a vu de simples fourmis emporter dans leur courant des colonies entières de vers à soie. Comme obstacle à de telles rapines, on veillera à fermer toutes les fissures, ou l'on isolera les pieds et les cimes des tables au moyen de jarretières de coton graissées de goudron. Encore les rusées pourraient-elles bien atteindre le plafond et de là se laisser choir sur les tablettes supérieures.

Un danger spécial aux bâtiments d'exploitation, c'est celui des rats et souris, grands amateurs de graines et à plus forte raison des œufs délicats. On se rappelle que notre système de conservation des toiles de la ponte, roulées et enfermées dans des caisses ne laisse à ce sujet aucune inquiétude; mais il sera urgent de préserver les cocons dont ces rongeurs adroits vont enlever la chrysalide en perçant par-dessous, comme un fromage, la boite soyeuse qui ne leur résiste pas. La *mort aux rats* sera l'ordre du jour et surtout celui de la nuit.

Reste une rivale à la chrysalide, qui elle aussi file, qui plus qu'elle sait tisser; c'est l'araignée, cet horrible moyeu vivant de ces charmantes roues de dentelles que le jour monte illuminer comme des rosaces écloses, aux chassis des croisées ; l'araignée sombre et jalouse, qui regarde d'un œil d'appétit la jeune mouche folâtrant dans le rayon jaune, tandis que de l'autre elle examine, pleine de colère, ces chenilles rampantes qui vont comme elle travailler dans une active concurrence. Mais le passage fréquent des ouvrières, leurs cons-

tantes manutentions, suffiront à dé-
truire ces tissus argentés et à faire
enfuir l'araignée, ses milles pattes à
son cou, dans quelque coin délaissé.
C'est de là qu'elle pourra seulement
comploter et épaissir sa trame. Gue-
nille noire, pendante et poussiéreuse,
son œuvre ne sera plus qu'un triste drapeau de malpropreté que l'éducateur
soigneux fera promptement disparaître
d'un coup de *tête de loup*.

LES COCONS.

XXXII.

Cependant, les vers parvenus aux rameaux travaillent sans relâche ; ils ont jeté les premières bourres extérieures. Repliés sur eux-mêmes, adossés à ce commencement de labeur, ils agitent, chacun en petits zigzags infiniment multipliés, le bout de leur trompe, d'où coule, comme l'encre au bec d'une plume, le fil sans fin et *non-interrompu* de la soie. Tantôt ils poursuivent et épaississent sur un point une même série de zigzags, tantôt ils font un écart, se courbent davantage en se réduisant à la plus petite place possible ; promènent leur trompe, en haut, en bas, derrière, tout autour d'eux, jouent, pour tasser le peloton arrondi, et des palpes et des pattes, se façonnent leur nid à leur gré, et peu à peu s'y enferment et disparaîssent dans l'activité d'un travail que nous perdons de vue avant qu'il soit entièrement terminé.

Trois jours sont ordinairement nécessaires aux vers pour retomber dans l'immobilité de l'état nouveau de chrysalide. Alors, la couche de soie s'est séchée et durcie, la coque est solide, on peut saisir le cocon et s'occuper de dérouler les 1,000 ou 1,500 mètres de fils que le mouvement d'un ver a parcourus sans quitter la place et que sa substance a pu fournir sans le faire succomber à une si incroyable tâche.

Il conviendra néanmoins d'attendre sept ou huit jours pour donner le temps à tous les vers d'achever leur méta-

morphose ; par quelques cocons ouverts
au hasard, on constatera aisément si
l'heure est venue de procéder à la récolte ; alors on décoconnera. Les rameaux seront enlevés doucement de
dessus les tables et déposés sur un
grand drap tendu, qu'entoure une
couronne de jeunes ouvrières, munies
de corbeilles pesées à l'avance afin
de pouvoir déduire, une fois remplies,
ce poids du poids total.

L'opération du dépouillement des
rameaux se fera avec cette précaution
d'enlever préalablement les vers *fondus* ou décomposés qui, sous une peau
qu'un rien déchire, contiennent un
liquide capable de tacher à tout jamais
les bons cocons ; si cet accident arrive,
ces *chiques* devront être classées à
part ; de même que les cocons *doubles*,
faciles à reconnaître à leur tissu mat
et cotonneux.

Les variétés de forme ou de grosseur
des cocons ne seront pas d'une grande
signification pour leur nature et leur

qualité ; toujours est-il que les meilleurs seront plutôt ronds que pointus, durs, à grain fin, peu brillants, point percés, plutôt cylindriques et légèrement étranglés dans le milieu que sphériques. Mais leur véritable valeur s'appréciera par leur poids ; encore faut-il se presser et tenir compte de la bourre qu'on enlèvera, et de la chrysalide intérieure qui, bien que n'ayant plus que la moitié du poids du ver, sera quelquefois de près de 80 pour 100 dans le pesage de la coque soyeuse (1).

Toute déduction faite, le cultivateur calculera sans peine le rendement de ses soins depuis l'incubation des graines. Il établira son bilan entre ses dépenses et son produit, et, en somme ayant suivi notre méthode, il sera, nous le pensons, satisfait.

(1) Nul n'ignore que, chaque jour, les cocons perdent à peu près le 5 pour 100 de leur poids, perte due à la croissante dessiccation.

Nous ne présenterons pas ici,comme tant d'autres, un tableau mathématique toujours facile à rendre séduisant, car on peut faire, avec les chiffres, de l'imagination encore plus hyperbolique qu'avec les nuages ; comment d'ailleurs préciser, en une ligne arbitraire, des choses aussi naturellement variables que les années, les feuilles , les vents, les influences atmosphériques ? Nous avancerons, si vous le voulez, que nos 90 grammes d'œufs, qui ne nous ont coûté que la peine de les produire nous-mêmes, mais qui auraient pu être payés 13 ou 14 fr., nous ont consommé 3 à 4,000 kilog. de feuille, valeur d'environ 180 fr.; que, par suite, notre récolte a été de 180 kilog. de cocons, c'est-à-dire de 60,000 cocons, que par conséquent, à raison de 4 francs le kilog. nous avons une recette de 730 fr., de laquelle déduisant les frais cités, soit 194 fr. sans compter proportionnellement ceux des journées d'ouvrières et de prix de chauffage, il nous restera 536 fr. de bénéfice net. Eh bien ! après cette avance de chiffres en quoi, vous, lecteur, qui ferez votre établissement sur d'autres bases et dans d'autres conditions, en serez-vous, à votre tour, plus avancé ? Ce n'est donc pas sur ces pages que nous attendons votre surprise, mais sur le lieu même, où nous ayant emporté avec vous, vous arriverez comme nous, par une voie sûre, à un bon résultat.

XXXIII.

La première opération qui a dû être faite, nous l'avons vu, c'est l'enlèvement de la bourre, soie légère, embrouillée et volumineuse, que l'on détachera avec les doigts absolument comme s'il s'agissait de peler une orange en retirant un seul lambeau d'écorce ; les plus jeunes ouvrières seront choisies pour cet adroit et rapide travail.

Il en est un autre plus indispensable encore au salut de la récolte, c'est l'*étouffage* ou, pour parler français, l'étouffement des chrysalides. Celles-ci n'auraient qu'à éclore, elles perceraient en un point leur cocon et rompraient, en maint endroit, le fil désormais indéroulable. On prévient le préjudice de ce développement, en exposant les cocons à l'action d'une chaleur mortelle pour les futurs papillons. Anciennement on les passait au four, après la cuisson des pains; mais parfois il se trouvait encore trop chaud et la soie en était altérée, ou bien trop tiède, et au lieu de faire périr les chrysalides dans les cocons, on les retrouvait voltigeant sous la voûte ténébreuse du four.

On a depuis essayé, plus heureusement, les courants de vapeur qui oppressent en quelques minutes l'insecte caché sans risquer de brûler l'enveloppe soyeuse. Mais il faut disposer les choses de façon à ce que la vapeur ne fasse que traverser la masse des cocons; autrement, enfermée avec eux, elle les imprégnerait d'une humidité et les alourdirait d'un poids dont on aurait grand peine à les débarrasser.

Quelques praticiens préfèrent substituer, à la vapeur, des courants d'air chaud ; d'autres se servent de bains-marie, hermétiquement clos et jetés, tout remplis de cocons vivants, dans des chaudières d'eau bouillante où une heure de séjour fait la dernière des chrysalides.

A défaut de ces moyens, reste le soleil dont les rayons, dardant à plomb sur des couches légères de cocons exposés à terre, finissent par opérer l'asphyxie et la dessication de ces insectes dans un excès de cette chaleur qui jusqu'ici a été leur vie.

XXXIV.

Nous voilà au bout de notre tâche, puisqu'il ne s'agit plus que de saisir l'autre *bout* du fil qui enveloppe chaque cocon. Il y a quelques années, avant la révolution mécanique de la vapeur, cette recherche du bout, ce dévidage du fil trouvé et entraîné par l'asple des tours, faisait encore une annexe des opérations agricoles. Le cultivateur remettait aux soins et à l'adresse des fileuses attenantes à son établissement, la masse de ses cocons; celles-ci se les partageaient et les plongaient par groupes dans des bassines d'eau chaude où, armées de balais de bouleau, elles les fouettaient jusqu'aux *brins* en les dépouillant du *frison*; puis elles dégageaient chaque brin, les croisaient, les renouaient, les jetaient l'un sur l'autre pour les ressaisir tous ensemble, et, les tirant loin de la bassine, les laisser s'allonger et s'enrouler sur l'*écheveau* dont une ouvrière *tourneuse* activait la grande roue de charpente. Là était l'occupation de longs jours. Chaque magnanerie avait sa filature, chaque famille son labeur.

Puisque, aujourd'hui, l'art de tirer les fils, de les réunir, de les monter, est généralement l'œuvre plus rapide et plus vaste des usines à vapeur, où des centaines de bassines et de dévidoirs, mus par une seule force, relèvent l'ouvrière de sa besogne infime, font passer la pauvre jeune fille, qui tournait machinalement la roue, au rang de surveillante du mécanisme, de l'asservissement obscur à l'intelligente suprématie; puisque aujourd'hui, disons-nous, l'industrie, ce char de l'homme triomphant, cette clé des portes de la terre, est venue friser de sa roue, toucher de sa dent les humbles et riches cocons de nos campagnes, nous n'avons, nous, qu'à l'applaudir et à lui jeter

notre confiance avec nos produits.
Déjà, elle nous affranchit de la recherche minutieuse du *bout*; déjà, l'eau a
fait place à la vapeur dans le détrem-
page des cocons; déjà les sacs en filet
ont été substitués aux balais de bouleau : les brins s'y attachent d'eux-
mêmes; ils se démêlent sans nous et
pour nous. Tout-à-l'heure, avec un
rouage et une idée de plus, ils vont
sauter directement sur la croupe des
bobines et galoper avec elles devant
nos yeux émerveillés, dans un circuit
sans fin (1) !

XXXV.

Pour aborder de plein-pied à un dernier chapitre sur la soie, nous devons

(1) L'électricité, qui est l'intelligence de la
matière, a été récemment appliquée à la recherche
des bouts ; son étincelle, comme un œil-sauteur,

tendre la main au lecteur et l'aider à franchir la distance et le travail qui séparent le fil de la trame, le moulineur du tisseur, la pelote de la pièce, le cocon du jupon.

Ainsi, partant de la soie telle qu'elle vient d'être extraite, soie dite *grège*, *crue* si elle n'a pas été bouillantée et *décreusée*, *cuite* si elle vient de l'être, nous traversons l'atelier du *moulinage* où nous la retrouvons tordue et disposée, suivant le nombre de brins et de tours, et suivant la qualité des fils destinés à la *trame* ou à la *chaîne*, sur des fuseaux que l'*organsinage* achèvera d'*ouvrer* pour la livrer en *paquets* ou en *ballots* au *contrôle*, au *titrage*, à la *condition*, puis aux se

les a distingués et les a saisis sur le cocon même ; espérons qu'une si admirable expérience sera bientôt un procédé universel et vulgaire. N'est-ce pas l'électricité qui possède le dernier mot de toutes choses et en est, elle même, le premier bout !

crets des *teinturiers*, ces hommes noirs, enfumés de vapeurs dans leurs caves béantes, d'où on les voit parfois sortir en portant à la rivière, sur leurs bras nus, des écheveaux qu'envient les blondes nuées dans le ciel bleu ; enfin, revêtues des plus merveilleuses teintures, ces soies sont transmises à l'*ourdisseur*, au *tisseur* qui les attend, sur son métier penché, en méditant le nombre de fils dont il composera sa nouvelle chaîne.

De là, du métier en mouvement, sortiront tour à tour les étoffes les plus variées : les tissus *unis* déploieront, dans leurs croisements multiples, les *taffetas*, les *crêpes*, les *florences*, les *sergés* et tout l'ondoiement des *satins* ; les tissus *façonnés* étendront dans leurs aspects imposants, les soies *brochées*, les *damas*, les *lampas*, les *brocarts*, les *brocatelles* et toutes les solennités des *velours*. Il n'est pas jusqu'à la *bourre* des cocons primitifs qui ne se transforme

sous le pied pointu de la navette légère, qu'un poète lyonnais a si justement comparé à celui de Cérès faisant éclore les fleurs à son passage; il
n'est pas jusqu'au *frison* tortillé qui ne
se discipline, sous le *battant*, en fleu-
ret ou en filoselle. Que dire encore?
Comment épuiser la seule énuméra-
tion des étoffes que le génie humain,
aidé de quelques bâtons mis en travers, exécute avec un fil de soie, tous
ceux qu'il compose avec les alliances
de la laine, comme *popelines, pelu-
ches, gazes*, etc., tous ceux qu'il ima-
gine chaque jour, tous ceux qu'il
achève chaque nuit !

Arrêtons-nous un instant. En commençant cet écrit nous entendions,
dans la mansarde voisine, de l'autre
côté de la rue, le bruit du métier solitaire. A présent, notre travail accom-
pli, nous avons mérité d'y monter et
d'y aller voir : nous voici en face de
l'ouvrier ; nous avons droit à l'honneur
d'être présenté chez lui..... Ah ! ce

n'est plus un bruit que fait, pour nous, retentir en ce moment cette main savante sur le clavier des fils soyeux ! Ce métier aux entrailles nues, aux ossements à jour, c'est plus qu'une simple machine, c'est un instrument d'harmonie ; les mille couleurs, les mille teintes en sont les notes et les tons. Cet homme joue, il ne travaille pas ! Cette mécanique chante, elle ne bat pas ! Ah ! voilà son morceau qui se déroule !..... Quel concert ! Quel ensemble ! Quelle mélodie variée dans ses nuances et ses dessins ! Quels accords vivants et subsistants ! Le métier c'est l'orgue des couleurs ; le tisseur en est l'organiste.

LA SOIE.

XXXVI.

Le monde physique est un labora-
toire où tout concourt mystérieuse-
ment à l'entretien des hommes. Le
chimiste c'est le temps; composant,
analysant et recomposant sans cesse;
il travaille, en fin de compte, pour
l'éternité dont il n'est que le valet mobile et affairé. Nous, ainsi que de petits enfants, curieux et rôdant dans
les détours de la maison paternelle,
essayons à tout propos de deviner ce
qu'on fait pour nous, de pénétrer ce

qui se passe derrière les cloisons, de soulever le voile des tapisseries, de regarder par la fente des portes : une seule nous est absolument et obstinément close, celle de la tombe; de dépit et tout en pleurs nous frappons du pied contre elle, sans pouvoir même, avant l'heure où elle s'ouvre, la faire retentir.

Mais, partout ailleurs, montant ou descendant dans l'immense création, furetant, creusant, fouillant, prêtant l'oreille ou glissant le regard, que de sujets d'inépuisables admirations, que de merveilles surprenantes, que de découvertes gigantesques ou microscopiques! Soit que nous relevions nos fronts sous la tiare étincelante et profonde des nuits, soit que nous nous penchions sur le bord des mers transparentes, soit que nous suivions le vol de l'aigle ou la veine du filon métallique, la racine de la plante ou le sentier de l'insecte, la goutte d'eau qui tombe dans le gouffre ou la goutte

de sang qui reflue dans le cœur, toujours, à moitié chemin de notre recherche, nous sommes cependant saisis d'éblouissement ou d'attendrisse-
ment avant d'avoir tout vu et tout
compris. Ah ! deviner, entrevoir, n'est-
ce point déjà le bonheur ?

C'est celui de la science humaine en
avançant dans la réalité des choses.
C'est celui du penseur, ce grimpeur
de cîmes, lorsqu'il se retourne pour
embrasser d'un seul coup d'œil les
régions parcourues et les vallées fran-
chies. Que la nature nous déroule ses
perspectives lointaines ou les ressorts
innombrables de ces opérations, un
même sentiment nous émeut, une
même brume nous cache aussi les
horizons ou les profondeurs : ce qui
apparaît suffit pour faire aimer le créateur, ce qui se voile pour le faire
désirer.

Or, les plus petits objets offrent
souvent les plus grands sujets d'admiration. Les riens contiennent les

touts ; les atomes éclatent en soleils ;
un ver replié sur lui-même dans une
feuille d'arbre y complote d'envelopper
l'homme dans sa pourpre et dans sa
beauté.... L'homme se laisse faire et
il se redresse glorieux!

XXXVII.

Œuvre mystérieuse que celle-là !
Celui qui donna un jour la laine aux
frêles agneaux, le lin et le chanvre
pour protecteurs aux bleuets des
champs, le coton comme écrin à la
graine, la soie comme rideau à la métamorphose d'un papillon nocturne,
celui-là, le même qui créa nus Adam
et sa compagne, avait donc d'avance
tout préparé pour une autre destinée !
Il savait que la honte saisirait toute
chair et que plus tard la vanité l'habil-
lerait ; qu'elle se cacherait, surprise
par un regard et qu'elle se montrerait

ensuite dans l'orgueil de son nouveau vêtement! Par une attention divine il avait, dès le commencement, créé toutes les ressources de la chute, toutes les consolations de l'exil. La nature avait reçu le mot d'ordre ; les fluides et les esprits de vie s'étaient entendus; du sein de la terre sortaient des fleurs pour le travail des abeilles ; du fond des bois naissaient des arbres pour le filage des chenilles. Végétaux et animaux se touchaient du cœur et de l'aile, de la lèvre et de la fibre, dans le but de s'avertir mutuellement et de venir en secours à l'homme tombé, nu, sous les froides nuits d'un monde désert, en l'éclairant et en le vêtissant !

Et cela, non-seulement dans les justes mesures d'une triste nécessité, mais dans le luxe d'une satisfaction dont l'industrie devait faire un art et l'amour une volupté. Dieu l'avait ainsi permis ou prévu. En laissant le diament se cristalliser sous les roches et

la perle se former sous les flots, il
voulait, en effet, enrichir notre misère,
réjouir nos douleurs, provoquer nos
élans vers le type de la beauté perdue!
in funiculis Adam traham eos. Rien
ne devait nous être interdit dans nos
efforts industriels ou artistiques; nobles efforts, s'il en est! sublimes tentatives, sauf l'abus matériel des céles-
tes aumônes et l'oubli de leur origine!

XXXVIII.

Mais, entre tous les dons, adoucis-
sement de nos tristes heures, quel plus
merveilleux et plus dangereux aussi
que ce produit délicat et fort, élastique
et résistant, brillant à l'œil, vibrant au
toucher, bruissant à l'oreille, que nous
nommons *la soie!* Ce mot seul caresse
l'imagination et y réveille mille sua-
vités vagues et charmantes! Les tentures de l'aurore ou les plis des on-

des azurées, les teintes des vallées
fuyantes ou les plumages des cignes
glissant sur les lacs, sont encore loin
de nous faire éprouver l'idéale sensa-
tion de nos tissus de soie. Les fleurs,
elles-mêmes, que dandine le vent, si
variées et nuancées dans les couleurs
de leurs petites joues coquettes, ne
laissent pas courir, sous nos doigts
émus, ces frissons, ces électriques
douceurs, ces baisers du contact, que
les filaments soyeux nous rendent tous
ensemble, comme un accord frémis-
sant et harmonieux. Pour trouver,
pour toucher, en ce monde de rudes
surfaces, quelque chose de plus parfait
encore, il faut presser dans sa main
une main chérie; il faut, sous ses
lèvres le front de la jeune fille, il faut
sous ses yeux l'éclat de quinze ans!

Aussi, quoi de plus périlleux que la
soie! Elle est si voisine du sein qu'elle
recouvre! Elle est si parleuse de ce
qu'elle cache! Elle rappelle si vivement, même lorsqu'elle est seule et

affaissée, la jeune peau *satinée,velou-
tée*, dont elle n'était que la plus intime
infidèle ! Elle est si bien faite pour
serrer le corps mystérieux de la femme!
Elle en reproduit si justement la sou-
plesse, la grâce de contour, les moelleuses ondulations, le ton, le tact et
l'effet indéfinissable, que nous ne
croyons pas possible à un mortel de
remuer et de brasser quelque temps
des étoffes de soie séductrice sans
ressentir en lui les atteintes secrètes
de l'aiguillon de saint Paul (1).

Il existe entre la soie et la femme des
corrélations sensibles que nul ne peut

(1) Non datur parvitas materiœ, dit saint Al-
phonse, in delectatione sensibili sive naturali,
nempè de contractu manus feminœ, *prout de
contractu rei lenis, puta, rosœ,* PANI SERICI *et
similis ;* quia ob corruptam naturam est mora-
liter impossibile habere illam naturalem delec-
tationem quin delectatio naturalis et venerea
sentiatur, maxime si actus isti habeantur cum
aliquo affectù et mora. Tract. *de temperantia*
dissert. V. *De Luxuria,* art. 2.

nous contester. La femme, toute la première, les avoue et les reconnaît dans ses vulgaires désirs de vêtements de soie : dans le rêve de son désir, la veille des fêtes du couvent, la jeune demoiselle se représente toujours une robe de soie bleue ou verte flottant au bas de sa ceinture. L'idéal des bergères, c'est encore la soie; à la soie commence une autre moitié du monde féminin. Dans cette étoffe s'enveloppent, se drapent à grands plis et se consolent à grands volants les filles qui ont, une fois pour toute, livré en échange le vêtement délicat de leur innocence. Il n'est pas jusqu'aux vieilles dames qui ne trouvent un arrière-plaisir à se tortiller dans une cotte de soie. Il n'y a d'aise pour de belles épaules que dans un étui de cette trame amoureuse aux mille reflets changeants ! Point de regards brillants, point de perles sans les flots soyeux ! Comme la laine est la livrée de la douce mais austère vertu, la soie est le déguisement et la

parade du plaisir trompeur. Le drap,
la pelleterie, le chanvre vont à l'homme et à ses mâles sueurs ; le satin, le
velours, le brocart, et le lin et la den-
telle, conviennent à celle qui n'a, parmi nous, d'autre mission que d'aimer
et de s'endormir.

XXXIX.

Nous allons plus loin, chère lec-
trice, n'ayez point crainte de tourner
la page. Nous savons que nous jouons
ici avec le feu puisque nous parlons
de vous. Mais pour quelques étincelles
jetées çà et là, au bord de votre jupe
effrayée, nous ne vous embraserons
pas.

Les dangers de la soie sont vraiment incalculables. Ils nous frappent
à mesure que nous y réfléchissons et
que nous nous ressouvenons. Sans
doute, ils tiennent aux séductions mê-

me de la femme. Plus encore! La pente des voluptés est devenue glissante en se couvrant des tapis de la soie. Vénus, la grande Vénus, debout, imposante et nue sous le ciel bleu de l'Orient, était moins faite pour la chute des faibles que la beauté moderne, furtive et voilée, dans un tourbillon de plis soyeux, le velours étreignant son corsage et le satin ses pieds mutins. Par un revirement singulier, mais qu'explique la nature du cœur, la femme, habillée comme elle l'est aujourd'hui, grossie, enflée, cerclée, devenue tour aux nombreux circuits, mais d'autant moins imprenable, monde aux éléments confus, étoilée comme un ciel de nuit, étoffée comme une forêt, mouvante comme un océan, prodigieuse, vraie comète à queue de soie, ébranle davantage le sol où elle roule, l'air qu'elle bouleverse et le passant qu'elle retourne! Elle le voit bien! Moquez-vous d'elle; elle sait à quoi s'en tenir là-dessus et là dedans. Aussi multiplie-t-elle, malgré les indiscrets plaisants, la soie autour de ses charmes comme vaste système de séduction ; elle trace le cercle du magicien d'autant plus grand que l'évocation doit être plus puissante ; et vous qui riez, elle passe,..... elle sourit,..... et vous voilà sérieux !

Il y a, en effet, plus de prestige là où il y a plus de mystère ; plus de désirs en courses là où il y a plus de barrières à soulever ou à franchir. La complète nudité peut être chaste ; l'extrême étoffement ne l'est jamais.

Or, de tous les tissus dont il est possible de se revêtir, ceux de nos soieries offrent certainement le plus d'attraits et le plus d'écueils. Partout où ils se sont déployés, ils ont exercé sur les mœurs une influence profonde. L'usage des étoffes de soie comme vêtement ou comme ameublement a toujours été le signe le plus caractéristique de la mollesse et de la corruption de nos sociétés. De lui datent nos

cours voluptueuses, nos galanteries
langoureuses, nos châteaux luxueux,
nos boudoirs luxurieux. Sophas sollici-
teurs, courtines engageantes, tentures
frémissantes, voltaires instigateurs,
vous savez tout! Mais, nous ne vous
demandons pas de rien trahir ; restez
sévères dans vos coins oubliés où de
pâles fantômes doivent revenir la nuit
s'asseoir sans ployer vos coussins !

L'histoire ancienne des décadences
nationales et des chutes personnelles
se marie intimement à celle de l'introduction ou des premières impressions
de la soie dans le pays ou dans le
cœur. Un jour, la vertu du monde s'est,
en marchant, pris le pied dans les fils
assemblés de ces perfides tissus, et
ces fils lui ont été des piéges où elle
est tombée..... en admiration.

On ne saurait calculer la quantité
énorme de soie qui entre dans l'a-
mour banal; c'est la pire entremet-
teuse des sens. Une jupe de soie est
une aussi mauvaise conseillère que la

faim; un rideau fatal : le démon est dessous et il en relève hypocritement les bords, comme un acteur, à l'angle caché de la scène, considère, en écartant la toile, la physionomie du public avant de débiter son rôle et de jouer son acte.

XL.

Quel que soit cependant le péril de ces piéges, fils croisés d'une chenille, au centre desquels la femme se place pour nous saisir au passage, ce n'est pas nous qui blâmerons le magnifique usage de la soie. A côté de l'abîme sombre il y a la cime lumineuse ; au-dessus de la faiblesse il y a la force ; et la pensée mauvaise ne saurait prévaloir contre l'idée sainte du beau.

C'est un art que celui de se bien vêtir; un art vivant. La peinture et la sculpture ne font que des reproduc-

tions immobiles de la pose des étoffes
sur le corps humain. Mais la variété
dans le mouvement des plis, les reflets
chatoyants des tissus, la grâce ani-
mée, le bruissement, ce chuchotement
particulier à la soie qu'on écoute toujours lors même qu'il annonce toujours la même chose , quel autre art
peut le disputer à celui-là? Il n'est pas
de tableaux, pas de statues qui retien-
nent l'attention fixée dans les galeries
du Louvre lorsque la réalité, blonde et
grande, au radieux profil, toute drapée
dans la soie gonflante qu'étreint vainement la fine mosaïque d'un cache-
mire éclatant, s'en vient vivre et se
mouvoir, gracieuse inconnue , à côté
de vous , au bas des vieux portraits !
Rien ne l'emporte sur l'ensemble d'un
harmonieux costume. Rien ne vaut la
vie palpitante, sous la forme à chaque
pas changeante! à chaque pas aussi
revenant à l'unité de son pli, de sa
pose, de sa tournure , pour défier le
regard et lui permettre cependant de

se retrouver et comme de reprendre
haleine sous le coup de l'émotion première ! Ah ! la musique elle-même,
cette enchanteresse qui commence où
tout s'arrête, qui vous saisit où tout
vous a laissé, quels accents opposera-
t-elle au chiffonnement mélodieux
d'une robe que termine de toutes parts
les rieuses couleurs enfermées dans
les suaves contours !

Ces émotions, nul n'est libre de ne
les pas éprouver ; nul ne se défend de
les ressentir : elles sont pures, elles
sont légitimes comme le soleil que le
bon Dieu fait luire également sur les
bons et sur les méchants. Parce que
la lumière éclaire le coupable, faudrait-
il en priver l'innocent ? Parce que la
beauté a ses risques, peut-on, doit-
on maudire l'art qui la fait resplendir,
l'art qui lui pose son rayon sur le
front et lui jette son génie en auréole ?
Non certes ! ce serait vouloir nous
étouffer dans les ténèbres, sous pré-
texte de mieux voir, nous tuer le cœur

pour mieux aimer, perdre la trace
même du créateur pour mieux le retrouver ! Fuir ainsi la beauté créée,
dans le but d'aller à la beauté suprême, est le paradoxe le plus extrava-
gant qu'il soit possible de mettre en
action : quelque chose comme le sui-
cide pris pour le chemin le plus court
dans le désir de s'envoler au ciel. Ici
bas, les splendeurs invisibles ne nous
sont traduites et manifestées que par
les reflets visibles ; l'apôtre l'a dit, et
il y avait pensé avant de livrer à tous
un tel secret. La beauté sur terre,
c'est la terre suspendue et transpa-
rente en quelques points devant le
foyer éternel ; le laid c'est l'opaque.
Tout ce qui nous charme, tout ce qui
nous ravit, tout ce qui nous attire,
tout ce que nous aimons avec notre
âme, tout ce qui nous parle un langage muet et vibrant, tout ce qui nous
éblouit dans l'ombre où nous vivons,
tout ce qui éclaire nos voûtes sur-
baissées, tout cela n'est que l'aimant,

l'écho, la lueur même de Dieu qui flambe derrière !

Reprenons donc, dans une noble et forte admiration, nos belles et caressantes étoffes de soie, ces tissus de rayons, ces vêtements de lumière, dont les anges seraient jaloux s'ils n'avaient leurs grandes ailes blanches pour s'y replier. Glorifions-nous d'être parvenus, à force d'industrie, à créer les éléments d'un art là où il n'y avait, pour nous, que honte et misère. Réjouissons-nous de contempler longuement ces opulentes soieries qui ne devraient être taillées qu'à la mesure de beaux corps, ne paraître qu'aux beaux jours, entre le double azur de la jeunesse et des cieux !

Que de fils ont dû se rompre, que de mains s'épuiser, dans le travail des âges, avant d'arriver à ces communes merveilles ! Quel tâtonnement séculaire ! Du ver qui bave à la machine qui bat, de la chenille qui mue au rouleau. d'où se détache tour à

tour la moire, le satin, le velours,
quel pas et quel triomphe! De la petite
feuille obscure du mûrier aux pièces
sans fin emplies de fleurs, d'oiseaux,
de figures, de symboles, de toutes les
nuances de la nature, de tous les ca-
prices de l'artiste, quel coup de fée!
Cette fée, c'est la patience du monde...
Elle va nous prêter un moment sa ba-
guette et nous passerons en revue rapide l'histoire de ses travaux, depuis
Nankin jusqu'à Lyon, depuis l'année
païenne 2281 jusqu'à l'an de grâce
1857.

XLI.

« Il y a une femme à l'origine de
toutes les grandes choses » a dit quelqu'un. Cette parole, profonde en plus
d'un sens, a été de bonne heure justi-
fiée par l'impératrice Si-Ling-Chi,
femme légitime de l'empereur chinois

Hoang-Ti, qui la première eut l'idée d'élever des vers à soie, alors sauvages, et d'utiliser leurs cocons en les dévidant. — On sait que ce fut également une femme, Noëma, sœur de Tubalcain, le forgeron antédiluvien, qui imagina de filer et de tramer la laine des troupeaux de son vieux père. — A la Chine revient incontestablement l'honneur de la découverte et de l'application de la soie. Plus de deux mille ans avant notre ère on y cultivait le mûrier sous le nom d'*arbre d'or*, on y élevait des vers, on s'y vêtissait d'étoffes de soie, ou *see*. Déjà c'était là l'objet d'une industrie spéciale et d'un actif commerce. La matière tissée pouvait sortir de l'empire, mais l'exportation des chenilles sacrées était interdite sous les peines les plus sévères. Les Chinois eurent ainsi longtemps le monopole de leur industrie.

Après la Chine, l'Egypte se signale par le luxe des tissus de soie dont s'entouraient et se revêtaient ses princes. La cour des Pharaons était l'une des plus opulentes de l'Orient. Les vêtements dont Joseph fut revêtu, comme premier ministre du roi Rhamsès-Meïamoun, ne pouvaient être, selon certaines interprétations de la Genèse, qu'en fils de soie; sortaient-ils des fabriques chinoises ou étaient-ils les produits des bords du Nil? c'est ce que nous ne déciderons pas.

Tout au moins, une douzaine de siècles en suite de ces événements, dans un pays voisin, le prophète Ezechiel nous apprend, avec son style embrasé, que la soie, *byssus*, était en usage parmi les filles de Jérusalem. Il compare la ville à une vierge, dont le sein, nouvellement gonflé, vient d'être revêtu par le Seigneur lui-même d'un manteau d'or, brodé de pourpre soyeuse. La Palestine tenait ces étoffes non-seulement de l'Egypte, mais de ses relations avec la Babylonie, la Syrie, la Phénicie. La ville de Tyr, surtout, était le dépôt central des soieries exportées des contrées de l'Asie les plus éloignées, de ce fameùx pays *des Sères*, comme on le désignait alors ; plateau merveilleux d'où les traditions des peuples font descendre toutes les lumières de la civilisation antique et qui n'est autre encore que la Chine et les Chinois.

Nous voudrions nous arrêter ici, devant le souvenir colossal de cette nation, aujourd'hui pétrifiée dans une immobilité qui rappelle le châtiment de la femme de Lot, changée en sel sur la route de Ségor. Babel silencieuse, que cet entassement de crânes pelés, dont rien n'est venu troubler les spirales ascendantes derrière une triple enceinte de porcelaine ! Foyer caché du vieux monde ! Lumière et ombre au fond de l'Orient dans le secret des soleils et dans l'intimité des mers ! peuple qui avait tout cherché et tout découvert : la boussole, la poudre, l'imprimerie, la conformation du globe

et ses pôles, celle du ciel et ses axes,
avant que les autres eussent seulement
appris à nouer leurs chaussures errantes ! Fourmilière de nains et de génies
dont le mamelon, tout garni de clo-
chettes bizarres, dominait jadis l'immense étendue de la terre inculte !
Qu'était-ce que ces gens-là ? Qui les
avait semés dans ce coin de l'univers ?
Qui leur avait laissé la clé des choses ?
Et qui les avait mûrés dans leurs pro-
pres trésors ? autant de questions que
l'écho des âges ne saurait plus répéter,
auxquelles les Chinois eux-mêmes ne
peuvent répondre et dont la profondeur
seule retentit dans l'imagination du
rêveur de siècles !

XLII.

L'Inde et la Perse furent les premières régions où commença à se répandre l'industrie de la soie. Cyrus,

après ses nombreuses victoires, ayant chassé Balthazar de Babylone et Sardanapale de Ninive, tenant asservis les royaumes de Juda et d'Israël, seul maître de l'Orient, concentra dans les splendeurs de sa cour toute la pompe des rois vaincus. Les vêtements de soie s'appelaient alors des habits *médiques* ; ils faisaient les délices et le privilége des Satrapes ; privilége qui s'étendit un jour jusqu'à la corde en soie laconiquement envoyée à ceux qui devaient s'en étrangler.

C'est, plus tard, aux guerres de Philippe de Macédoine et d'Alexandre contre les Perses, qu'il faut rapporter l'introduction en Grèce de ces tuniques d'eunuques, auparavant inconnues à des bras qu'aucune douceur n'avait encore affaiblis. Les excursions poussées dans l'Inde, au-delà des monts Paropamises, jusqu'aux bords enchanteurs du Gange, enrichirent l'armée d'Alexandre de toutes les merveilles de ces civilisations décrépites. Lors-

que le conquérant revint enfin sous
les murs de Babylone, célébrer son
triomphe, que de dépouilles, de tapis,
d'étendards étincelants au soleil du
jour, devaient être traînés derrière lui,
étalés sous ses pieds, étendus sur son
front ; que devait être belle et rayon-
nante, haute et superbe, dessus son
char aux roues écaillées d'or, vaste
coupe bouillonnante de soie, la fille
de Darius, *Satira* que le jeune empereur s'était fiancé à Persépolis ! O !
le temps magnifique qu'il faisait là !
et combien notre luxe, plus délicat,
a maigri en perdant l'opulence grandiose de ces éclatantes assemblées !

XLIII.

Néanmoins, chaque peuple éducateur de vers à soie attachait une jalouse importance à la conservation
exclusive de ces générations d'insec-

tes. Une princesse de Khotan, royaume
situé à l'Orient de la Bactriane, ayant
été en personne solliciter vainement de
ses voisins quelques vers « pour avoir,
disait-elle, de quoi s'habiller ; » ils lui
furent refusés. Mais elle, usant de
ruse, parvint à en dérober et les cacha
dans son bonnet où les gardes de la
douane, respectant une tête royale,
n'osèrent la visiter.

Le trafic et le transport des soieries
orientales s'opérait par l'entremise des
Phéniciens dont les caravanes hardies
franchissaient le Tigre et l'Euphrate ;
après de laborieuses et longues journées, ils rapportaient et distribuaient
leur lucratif butin, sur tout le littoral
de la mer Méditerranée. Quelques
Juifs enrichis, au temps de Salomon,
se croisaient aussi sur les marchés de
Sidon et de Tyr, exerçant leurs premiers
instincts commerçiaux, flairant le monde qu'ils devaient plus tard parcourir
sans trève et exploiter sans mesure.

Rome était le but lointain de toutes

ces opérations. La soie, que les victoires de Lucullus et de Pompée venait
de faire connaître, y était précieusement recherchée comme un vêtement
de plaisir ; elle s'y payait des prix
excessifs. Cependant l'île de Cos, à ce
que rapporte Pline, fournissait, en
outre, abondamment à la consommation romaine.

Une jeune fille, Pamphylie, fille de
Platis, y avait recueilli sur les branches des bois de cyprès, de chêne, et
de térebinthe, les cocons, fort gros, de
vers vivant à l'état sauvage et en avait
déroulé une soie nerveuse et forte.
Cette soie naturelle devint la richesse
de l'île, qui l'expédiait, à peine dévidée,
à la grande et absorbante cité. Là, les
matrones assemblées dans l'atrium,
penchées sur l'asple des rouets de joncs
filaient, à la veillée des lampes
tremblantes, ces robes diaphanes, ces
voiles volages, ces tissus de vent,
ventum textile, dont elles osaient se
revêtir, sans autre appareil, pour re-

luire le jour en public, *ut, in publico, matrona transluceat,* nues et brillantes, à travers un brouillard de soie, *nebula linea !* Julie, fille d'Auguste, fit rougir son père en se présentant devant lui ainsi parée.

Les hommes eux-mêmes, ces énormes mangeurs d'alors, puissants viveurs de ce temps de triomphe matériel, n'avaient pas honte de se draper et de se promener, l'été, sous les portiques, de colonnes en colonnes, leurs gros ventres, rouges, pointant sous de telles étoffes !

Mais les soies les plus estimées étaient celles que l'on retirait de l'Assyrie. Bon aux danseuses de trouver plus de grâce et d'obtenir plus de bravos en faisant rire les plis légers d'une robe de Cos ; le riche tissu, la noble pourpre dont se taillaient les manteaux des empereurs et des graves sénateurs, sortait des antiques ateliers de l'Orient ; telle la houpelande d'Héliogabale, tel le surtout de soie

blanche que Claude reçut de Galien,
telle la robe frisée d'or de son auguste
et horrible femme Agrippine.

Cette introduction de la soie dans
les mœurs du peuple romain ne fut
pas un des moindres éléments de son
ramollissement et de sa décadence.
Le prodigue César qui, dans un des
jeux donnés par lui à ses soldats,
tendit de rideaux de soie tout le ciel du
cirque, leur fit oublier trop vite, sous
ces voiles baignés d'un soleil cares-
sant, la rude étoffe des tentes, vibran-
tes au vent noir des forêts gauloises,
ou au souffle subit de la corne de Ver-
cingétorix. Après lui, après son
exemple, la foule enivrée n'aspirait
plus à la conquête, mais à la jouissance du monde. La vertu n'était plus
qu'un grand nom, comme ceux qu'on
grave sur les marbres solitaires; le
plaisir, toute la réalité. En vain, quelques empereurs, voire même le sombre
Tibère, essayèrent-ils de remettre en
vigueur les anciennes lois somptuai-

res ; les freins étaient lâchés. La bête humaine avait senti sa proie ; elle criait, non plus : vaincre ou mourir, mais, jouir, puis alors mourir !

Ce n'étaient pas les êtres qu'on appelait Caligula ou Néron, Domitien ou Commode qui pouvaient se passer des raffinements et des efféminations de l'Orient. Toutefois la valeur de la soie était si inabordable, comme nous disons dans notre langage de bourgeoisie, que ce fut même pour les Empereurs une raison de ne pas accéder toujours à la demande de leurs épouses. Vespasien répondit, presqu'en colère, à la sienne qui le tourmentait, à ce sujet, depuis longtemps : « Eh ! veux-tu donc, chère amie, que j'aille donner beaucoup d'or pour un peu de soie ! » Un mari d'aujourd'hui ne s'exclamerait pas autrement, ni mieux.

Sous le règne de Marc-Aurèle Antonin, les relations commerciales entre Rome et les contrées orientales prirent un nouveau développement. Les

étoffes variées de Béryte , de Bactre,
du Liban, les produits de l'Inde, de la
Perse et de la Chine circulaient dans
un courant actif et régulier, quoique
géographiquement long et difficile à
raison de ses détours. Les milliers de
Juifs, transportés par Salmanazar dans
la Médie, se remuaient, naviguaient,
agiotaient, rivalisaient d'ardeur pour
les périls de ces lointaines excursions.
Les marchés étaient immenses ; mais
que d'efforts pour les alimenter! Quand
on suit, sur la carte, l'itinéraire qu'a-
vaient à tracer, les courses qu'avaient
à faire , les voyages qu'avaient à entreprendre les colporteurs et les com-
missionnaires patients de ces époques
fabuleuses , on reste émerveillé de
tant d'audace, de persévérance et de
génie ! Outre les distances à franchir,
il y avait les hordes de Barbares à
vaincre ; il fallait éviter les Parthes
sauvages, les Scythes adroits, les Perses avides ; descendre ou remonter les
fleuves, comme le Tigre ou l'Euphra-

te, le Gange ou l'Indus ; traverser des mers, des golfes, comme la mer Erythrée ou le golfe Persique ; sauter des monts, comme le Paropamise ou l'Imaüs ; se perdre dans le labyrinthe des vallées ombreuses de la Bactryane ; errer de longues nuits dans les déserts perfides de la Scythie ; frapper enfin, à tout hasard, aux portes égoïstes de la Chine... puis, revenir affronter les mêmes dangers, ou se confier, par une autre route, aux incertitudes de la navigation dans les flots mystérieux de la mer des Indes, contourner la grande hache, au tranchant ébréché de rescifs, qu'à l'épaule de la Turquie font pendre les terres arabiques, sillonner la mer Rouge, pour aborder enfin au nord de l'Egypte et étaler sur les places d'Alexandrie, au soleil couchant des Ptolémées, avec les laines de Kaschmyr, les toisons du Thibet et le fer de l'Inde, les soieries des Sères et tous ces tissus sans nom, entrelacés d'or, bosselés de pierreries, requin-

quaillés de rubis, d'émeraudes, de to-
pazes, d'améthystes et de lapis , dont
nous ne pouvons nous faire une assez
éblouissante idée, même après avoir
contemplé le tableau des rois Mages,
de Rubens, ce roi de l'éclat !

XLIV.

Cependant , les pays où s'élevaient
les vers à soie continuaient de garder
si précieusement le mystère de cette
culture, que , tout en livrant les produits, ils laissaient le reste de la terre
dans l'ignorance de leur véritable origine. A Rome , des esprits comme
Virgile, comme Sénèque, comme Ju-
vénal , répétaient , sur la foi des con-
teurs, que cette substance provenait
du duvet des feuilles de mûrier, que
l'on détachait dans l'eau bouillante ,
pour ensuite la filer sur des fuseaux.
Les Juifs eux-mêmes se conten-

taient de négocier la soie sans chercher à en transporter chez eux les procédés de fabrication. Le gain présent était leur seul mobile, il attirait leur unique regard.

A Jérusalem, ainsi qu'à Rome, les femmes passaient les ennuis de leurs jours à tisser les soies étrangères, naïves fileuses, sans demander à en savoir davantage. Seulement, la ville sainte faisait un autre emploi de ces étoffes, trop douces pour la chair qu'il faut combattre. Les grands travaux s'exécutaient dans le temple, et servaient à orner le sanctuaire. Ainsi, la vierge Marie se distingua par son habileté au milieu des jeunes Juives, qui tendaient avec elle, sur des chassis de cèdre, les fils des trames sacrées ; nul doute qu'elle n'ait mis la main à ce voile immense, si violemment déchiré du haut en bas, comme son cœur, au dernier soupir du Christ.

XLV.

Un même état de choses, dans l'industrie de la soie, se prolongea jusqu'au VIe siècle ; alors, seulement, l'empereur Justinien, siégeant à Constantinople, résolut de s'affranchir du monopole exercé sur tout l'empire par des peuples que l'on regardait comme barbares ; une simple révolte des Parthes ou des Scythes, suffisait, en effet, pour interrompre les communications, affamer les ouvriers de Bysance et susciter des émeutes intestines.

Deux religieux prêcheurs, envoyés par le prince, pénétrèrent dans l'Inde, y étudièrent à la dérobée de leurs auditoires la nature du ver et celle de l'arbre qui le sustente, réussirent à s'emparer de quelques graines de bombyx, et les rapportèrent, en pieuse contrebande, cachées sous leurs frocs, dans des bâtons de bambou. De cette action date la naturalisation de la soie en Europe.Simples moines, qui étaient loin de se douter qu'ils tenaient en germe, sous leurs robes de laine, toutes les toilettes folles de l'avenir !

Protégée et encouragée successivement par les empereurs du second empire, la culture du mûrier et celle de la chenille ne tardèrent pas ; malgré la prétention de quelques souverains d'en rester seuls maîtres et possesseurs, à faire des progrès et à prendre une extension rapide. De Bysance, graines et procédés passèrent bientôt en Grèce. Thèbes, Corinthe , Athènes virent s'établir dans leurs vieilles citadelles, à la place des machines de guerre, au milieu des feuillages et des insectes, la pacifique puissance des métiers. Le mûrier, semé partout aux flancs des côteaux fertiles du Péloponèse, jeta sur la terre son nom avec son ombre ; la *Morée* devint une pépinière.

En regard de ces côtes les Arabes, comme on le pense bien, ne furent pas les derniers à s'initier aux secrets d'un tel art ; chez eux surtout devait naître le désir d'arriver à la libre reproduction d'étoffes si en accord avec leurs goûts merveilleux et leurs sens exaltés. Les contes des *Mille et une nuits* nous déroulent et nous révèlent toutes les magnificences rêvées ou déjà réalisées de ces tissus, de ces tapis, de ces tentures au milieu desquels apparaît la princesse Badrouiboudour nonchalamment étendue, au sortir du bain, ses chairs délicates et roses adoucissant encore leurs vaporeux contours sous l'enveloppe agaçante d'une gaze argentée.

Un génie étrange préside à toutes ces richesses, à toute cette ornementation, comme à toute cette architecture, dont nos lignes gothiques ne sont que la conversion et le retour baptisé de larmes. Le cerveau vous brûle, la pensée vous tourne, le cœur vous fond,

lorsqu'on erre , oublieux et impres-
sionné , comme transformé dans le
moule qui vous entoure, sous ces galeries arabes, aux arcades fantastiques,
aux mille colonnettes tortillées et amou-
reuses, aux piscines perlées de gout-
telettes jaillissantes et de notes d'oiseaux bleus, aux fuyants confus, découpés d'arceaux sans nombre , pou-
drés d'une douce lumière , entre le
marbre, l'or, le saphir, à l'odeur des
parfums que dégagent les cassolettes
fumantes vers le ciel uni des clairiè-
res ovales, seul, dans le vaste silence
et dans l'attente certaine d'un pas et
d'un frôlement soyeux sur l'émail de
feu des mosaïques !

On se sent pris devant les chefs-
d'œuvre de l'art arabe, soieries ou
pierreries, étoffes ou murailles, que le
soleil darde, que la lune fixe, du vertige d'un autre univers. Ainsi pourraient être les créations artistiques
dans les cités problématiques de Sa-
turne ou d'Uranus. Ce ne sont par-

tout que les enchantements du maté-
rialisme ; c'est la volupté aérienne
luttant d'ardeur avec l'extase ; c'est
l'orgie de l'homme se vautrant, éperdu,
dans le sérail souriant des étoiles !

XLVI.

Aussi, quels ne sont pas les gémis-
sements des premiers Pères de l'É-
glise en présence de pareilles conta-
gions ! Il faut entendre les Ambroise,
les Grégoire, les Jérôme, les Chrysos-
tôme, toutes ces voix des cryptes ou des
déserts, constatant chaque jour le terrain et les âmes que gagnaient et fasci-
naient l'exemple du luxe et les énerve-
vements de la soie. Partout où le chris-
tianisme pénétrait, partout où la lumière nouvelle convertissait en même
temps à l'Évangile et à la civilisation,
ces peuples, les Huns, les Suèves, les
Vandales, les Slaves ou les Goths, qui

jusqu'à lors étaient restés comme un faisceau de barbares et pour ainsi dire cernés entre les trois plus grands foyers de civilisation antique, la Chine, la Grèce et l'Italie ; partout , avec la bonne parole, se glissait aussi la sourde tentation. Les vêtements de peaux ou d'écorce tombaient au souffle bienfaisant qui remuait vivement les esprits, comme au souffle séducteur qui agitait doucement les plis de la soie.

A peine descendus de leurs montagnes, les rudes éléments des invasions, que déplaçait l'équilibre rompu de l'Europe, comme des eaux dans la plaine, prenaient le niveau et la couleur de la corruption générale. Les chrétiens durent s'en aller dans les solitudes de la Thébaïde pour conserver ou retrouver l'innocence ; les Saints durent fuir en Dieu pour écarter sa justice ou implorer sa clémence. On vit, dans Rome conquise, les fiers Hérules s'étendre, tout armés, sur les lits encore chauds de la décadence, et le sang, généreusement répandu dans la lutte, acheva de se perdre dans les plaisirs.

En Espagne, le dernier des rois Visigots, outrage une jeune fille ; son père, gouverneur de Ceuta, se venge de cet affront en trahissant le pays, et voilà les Maures, les voilà encore avec tout l'enivrement et toute la sensualité de leur culte, parvenus à l'autre bout de l'Occident ; ils en tiennent les deux extrémités ; ils soulignent le monde civilisé. L'empire arabe, en forme de croissant immense que creuse la Méditerranée, tourne dès lors son éclat vers l'Europe et en reste comme le cul-de-lampe somptueux sous une statue encore inachevée !

XLVII.

C'est à grands et terribles coups qu'elle allait l'être. Toute cette époque n'est qu'un croisement de glaives,

un déchirement, tantôt d'une contrée,
tantôt d'une autre ; une crise fiévreuse,
dont les fleuves incessamment franchis et agités représentent les nerfs ;
les plaines mouvantes, toutes bleuies
d'armures, les frissonnements de peau,
les rocs ébranlés, les grincements de
dents ; mais cette souffrance des nations en travail était une nécessité
providentielle.

Le grand moyen de la civilisation a
toujours été la guerre, et c'est pourquoi ce sera précisément son dernier
terme de couronnement que la suppression des armées devenues inutiles.
Plus encore, aux premiers siècles confus de notre histoire, était-elle nécessaire, pour ouvrir le cœur des peuples,
remuer les races et faire pénétrer partout la lumière rare des vérités et des
industries. Le fer aidait à l'accouchement du corps social. Seul, il plongeait
assez profond, il tourmentait, il mêlait assez énergiquement les éléments
grossiers dont se devaient composer

les sociétés futures. A l'épée de Rome,
nous devons, nous Francs, le premier
défrichement de nos esprits et de nos
bois ; à la lance des Maures l'Espagne
est redevable de sa plus originale vitalité ; aux fréquentes entrées de la
francisque gauloise, la Germanie a
reconnu la traînée de lumière qui
l'éclaire aujourd'hui ; à la pointe de
nos sabres, la Russie engourdie s'est
réveillée ; au choc de quelque lame
hardie, la Chine, cette urne aux flancs
énormes, rendra peut-être en se
brisant, la vieille liqueur qu'elle contient !

XLVIII.

Charlemagne, appuyé sur sa redoutable épée, nous représente, en l'an
800, si non toute l'activité industrielle,
au moins toute la force qui l'attire et
va prochainement la diriger. Bien

qu'avant lui, ce fils de Berthe la fileuse, les étoffes de soie fussent connues en France, bien que le corps de saint Germain-d'Auxerre, par exemple, eût été rapporté de Ravenne, enveloppé dans un suaire de soie précieuse, par les mains mêmes de l'impératrice Placidie, bien que saint Eloi eût jadis, avec l'agrément de Dagobert, entremêlé de perles fines les tentures soyeuses de Saint-Denis, c'est à Charlemagne qu'ont été offerts les plus beaux produits ou modèles des fabriques orientales. On conserve encore aujourd'hui, dans la cathédrale de Metz, une chappe ornée de lions ailés et brodés d'aigles, que lui envoya, avec une foule d'autres présents, son allié le célèbre Khalife Haroun-al-Raschid. La gloire de Charlemagne commençait ainsi à établir des rapports avec les peuples possesseurs du secret de la soie. Le premier, il favorisa les opérations des Juifs revenant des foires de Jérusalem ou d'Alexandrie.

Ces marchands avaient la vogue du
temps ; on leur achetait à poids d'or
la pourpre de Tyr, le samit de Grèce,
le siglaton de Bysance, les étoffes
pour tentes et pavillons que la Chine
ou l'Inde ne cessaient de fournir aux
nombreuses commandes de l'Occident ;
jusqu'à des pièces de terre et des vil-
lages furent livrés en échange par
les seigneurs jaloux de se distinguer
aux réunions des tournois et des
cours. Cet amour des riches tissus,
des assemblages de couleurs vives,
des manteaux allourdis de broderies
et de joyaux, s'empara rapidement de
nos barons opulents ; tout châtelain
voulut avoir son trône ; toute muraille
féodale, hérissée de piques au dehors,
se revêtit à l'intérieur de soieries
étranges, où les rosaces, les emblèmes,
les croissants, les griffons, les feuillages, les étoiles rouges, bleues, jaunes,
violettes, grouillaient derrière les fils
d'or montueux d'un fond safran ou
cramoisi. Lorsque plus tard les chefs

croisés partirent pour la Palestine, la tête leur dut chanter de toutes ces impressions de leur enfance, doucement bercée entre les rideaux de la Perse ou du Liban. Le soleil d'Orient fermentait dans ces naïves et ardentes imaginations ; leurs souvenirs commençaient une mêlée d'éclairs avec leurs aspirations !

XLIX.

Les papes, vite oublieux de la simplicité de Pierre, recherchèrent de bonne heure aussi les soieries destinées à embellir leurs églises ou leurs palais. Ils envoyaient des dessins aux ouvriers de l'Egypte, de la Turquie et de la Grèce. L'habileté des Grecs en tout ce qui concernait le tissage et la teinture avait dépassé de beaucoup les anciennes pratiques de l'Orient. L'Italie elle-même, dans ses villes du

nord, ne tarda pas à monter et à
exécuter de merveilleux travaux. Désormais l'Europe, grâce aux goûts de
ses pontifes et de ses empereurs, allait
l'emporter par l'intelligence de la fabrication, la variété et la perfection
des tissus. La Chine et l'Inde avaient
fait leur temps ; le mouvement com-
muniqué, l'immobilité saisissait à son
tour les moteurs.

C'était alors, pour la plupart, des
épisodes figuratives de la vie du Sau-
veur, la crêche, la présentation au
temple, la cène, la passion, la résur-
rection glorieuse, tous les miracles de
son passage sur la terre que l'on s'attachait à reproduire par d'autres mi-
racles industriels. Le pape Paul Ier écrivait à Pepin-le-Bref pour lui annoncer
l'envoi d'une pièce de satin rouge peu-
plée d'apôtres et de martyrs. Léon III,
Benoît III, à la fin du VIII siècle, enri-
chissaient les chapelles de Rome et particulièrement la basilique de Saint-
Pierre, de tapis moirés, lumineux,

splendides, suspendus d'ordinaire aux galeries du chœur et le long desquels processionnaient les images radieuses des Saints que le souffle des chants d'église, en ébranlant la draperie, semblait par instant ranimer.

La pompe catholique n'est pas de celles qui reculent devant la mort. Au contraire, elle s'avance comme pour accompagner le fidèle voyageur jusqu'aux extrêmes frontières de ce monde ; elle descend avec lui sur la rive du sépulcre, ce cap sombre d'où l'âme s'embarque dans l'infini ; là elle lui fait de touchants adieux en lui jetant ses plus précieux manteaux et en déployant au vent sacré ses plus riches étendards. Aussi, est-ce après avoir fouillé les cendres du moyen âge et soulevé les pierres bénies que l'on a retrouvé les tissus de soie, reste de la richesse de ces siècles et témoignages de leurs progrès. Le suaire de sainte Colombe, conservé à Sens, les lambeaux d'étoffe découverts dans la tombe

de l'évêque Gunther, à Bamberg, la robe
dernière de saint Cuthbert, à Durham,
le coussin de soie jaune retiré d'une
chasse dans l'église de St-Pierre de
Troyes, les tuniques brodées, secouées
de la poudre du caveau des princes
normands ou de celui de l'empereur
Frédéric II, la chappe semée d'abeilles
d'or du roi Childéric, le drap immense
qui enveloppait le corps de Charlemagne, les nobles guenilles en soie ramassées dans la chapelle souterraine
de St-Germain-des-Prés à Paris, sont
autant de traces et de trésors qui
attestent pour l'Allemagne et l'Angleterre comme pour la France, la diffu-
sion de la soie bien avant le XIIe
siècle. Mais il faut lire tous les détails .
de cette histoire en feuilletant les vieux
tombeaux, vraie bibliothèque des hommes, tomes à reliure de marbre où
nous nous enfermons tous, un à un,
chacun à notre tour et dans notre vo-
lume, éternellement absorbés par la
lecture mystérieuse du verso !

L.

Nulle part pourtant dans l'Occident soit même en Italie , contrée chaude et d'ingénieuse mémoire, on ne s'était avisé d'élever des vers à soie et de planter des mûriers. On ne savait que tisser les produits amenés à grands frais d'Alexandrie , de Corinthe , de Constantinople, de Chypre ou de Bagdad. Il y avait des manufactures déjà célèbres dans les villes d'Etrurie, dans l'Espagne et dans le Portugal. En France , à Saumur et à Poitiers , des communautés de religieuses venaient de se signaler dans la confection des premiers velours. Quelques ateliers s'établissaient sur les terres de la Grande-Bretagne. Mais , les surpassant tous, ceux de la ville de Palerme, en Sicile, d'où était récemment sortie la fameuse chappe impériale de Nuremberg, allaient devenir l'axe et le mobile d'une activité et d'une industrie toute occidentale.

Le roi Roger II, au retour de son expédition en Grèce, ramena avec lui des bandes nombreuses d'ouvriers, prisonniers de Corinthe ou d'Athènes, tous chargés, non de fers, mais des éléments de leur culture habituelle, de graines de vers à soie et de jeunes tiges de mûrier. Il leur adjoignit des musulmans habiles dans cet art, et les installa dans son propre palais. Des plantations et des magnaneries couvrirent promptement ses terres. Recrutées par centaines, de jeunes ouvrières franques, italiennes, grecques, siciliennes ou vagabondes, dévidaient, filaient, ourdissaient sous ses yeux la soie recueillie dans les belles campagnes environnantes. C'était ainsi l'usage des califes Ommiades d'entretenir à côté d'eux un hôtel de *tiraz,* ou manufacture de soie. On logeait à l'égal d'un roi, l'insecte dont les rois tenaient leur pourpre. Roger ne fit qu'imiter une telle coutume et un tel luxe. Sa cour et sa capitale attirèrent par leur éclat les visites et le séjour de l'étranger. Le beau monde de l'époque allait passer l'hiver à Palerme. « On vit, dit un historien, aux fêtes de Noël de l'année 1185, les dames habillées de robes de soie couleur d'or, enveloppées de manteaux élégants, couvertes de voiles et de guimpes diaphanes, chaussées de brodequins rouges ou verts, et se pavanant dans les églises, précédées du cliquetis harmonieux de leurs colliers, suivies des parfums évaporés de leurs ceintures agraffées de brillants. » *Ubi sunt !*

LI.

Nous n'entreprendrons pas la description de tous les genres d'étoffes alors ouvrées dans les ateliers de Palerme. Qu'il suffise de rappeler qu'avec des métiers encore dans l'enfance du mécanisme, on parvenait cependant à croiser des fils nombreux, alliés ensemble selon les diverses natures des tissus. Il y avait des étoffes à six et huit fils, épaisses, lourdes, *à pleine main*, comme aussi des torsages de brins légers, à un ou deux fils, où les couleurs s'entrelaçaient en jouant à la lumière sur des pièces unies. L'*ensouple*, chargée de la chaîne roulée, les *marches*, dont l'ouvrier se sert pour élever tour à tour les deux systèmes de fils et permettre à la navette de s'insinuer entre eux, et enfin la petite planchette mince qu'on insérait après chaque coup de navette pour serrer le tissu, voilà, dans toute sa première simplicité, les principaux et les seuls éléments des métiers du XIIe siècle.

Sur de si naïfs appareils furent montées toutes les soies du moyen âge. Palerme donna un branle accéléré à ces vieilles mécaniques en tirant la soie , non plus seulement de l'Orient, mais de son territoire , par des procédés de culture que tous désormais pouvaient se transmettre et s'approprier. L'industrie entière était affranchie ; elle était libre maîtresse de son origine comme de son but ; elle allait , par conséquent , ouvrir une nouvelle ère et tracer dans le monde un tout autre cercle de développement..

Presque simultanément, Lucques, Venise, Florence, Gênes, Milan , Bologne , empruntèrent de Palerme les secrets de l'éducation des vers à soie et de la plantation des mûriers La présence et la possession de cette source même du fil depuis longtemps travaillé dans leurs fabriques, furent , pour ces villes industrieuses , une émulation et un bénéfice. L'Italie se sentait remonter à un niveau de grandeur commerciale , préférable, peut-être à celui de sa gloire passée. Les marchés de l'Europe étaient ses

champs de bataille. A elle seule, elle
tenait pied, de sa botte battue des flots,
au vieil Orient, dont elle contrebalan-
çait en tous lieux l'influence et le prestige. Le fleuve-argent, divisant son
cours, en descendant du nord, allait,
sous le vent du crédit, rouler ses nu-
méraires à travers les terres italiennes.

Gênes, déjà riche, se créait une ma-
rine, à l'aide de laquelle, non contente
de palper de la proue de ses vaisseaux
tous les quais des rives orientales,
elle transportait ses forces en Portugal, pillait Lisbonne, et rapportait
comme modèle, des cargaisons entières de soieries ouvragées par les
Sarrasins. Florence, plus pacifique,
obligeait ses citoyens à planter chacun au moins cinq pieds de mûrier ;
elle parvint bientôt à réaliser d'abondantes récoltes et à fournir elle-même
la pâture à ses immenses fabriques.
Des noms tout à l'heure retentissants,
des familles demain rivales et puis-
santes, appuyaient ainsi leur fortune

politique sur des fils de soie. Les Pazzi , les Corsini , les Zampini , les Médicis, les Capponi, dont l'un d'eux, Gino, découvrit plus tard les procédés de fabrication des brocards or et argent, ne durent leur noblesse qu'à la prospérité de leur industrie.

Lucques enfin, assiégée et dévastée par les Gibelins, au plus beau moment de ses admirables travaux, vit se disperser dans toutes les directions·les bandes errantes et intelligentes de ses ouvriers. Le plus grand nombre franchit les monts et s'établit en Allemagne ou au midi de la France ; quelques-uns même se répandirent jusque dans les Pays-Bas et dans la Grande - Bretagne où les accueillit avec empressement le voluptueux Édouard II. Cette sorte d'explosion , d'une population aussi habile dans le tissage des étoffes , devint par son éparpillement même une semence féconde d'industrie sur notre terre de France.

Quelques années auparavant le pape Grégoire X, ayant obtenu de Philippe-le-Hardi la cession du comté Venaissin, avait fait planter des mûriers dans son nouveau domaine ; il avait appelé des fileurs et des tisseurs de la Sicile et de l'Italie. L'arrivée des Lucquois exilés fut un renfort heureux pour ces fabriques naissantes. On les reçut comme l'assurance d'un succès. Les pontifes qui se succédèrent ensuite sur le siége d'Avignon tinrent à honneur de les protéger. Clément V leur concéda de notables priviléges. Jean XXII menaça des foudres de l'Eglise ceux qui mettraient entraves à leurs travaux et embarrasseraient à dessein leurs opérations commerciales. Clément VI, Innocent VI, Urbain V, Grégoire XI favorisèrent successivement l'œuvre et l'ouvrier. Les plus belles étoffes façonnées, les plus riches damas, les velours les mieux fourrés et les plus merveilleusement nuancés dans les profondeurs de leurs reflets, sortirent des manufactures pontificales. L'Eglise fournissait à la pompe et à la misère des rois et la pourpre et le linceul.

Il est, en effet, remarquable que ce soit toujours, à l'occident comme à l'orient, à des religieux ou à des papes que l'industrie de la soie ait dû sa propagation. Mais qui oserait leur en faire un blâme ? Ne convenait-il pas entre tous à des hommes de Dieu, de répandre les dons de Dieu ? N'est-il pas d'une âme vraiment haute et sereine d'aimer tout ce qui est riche, tout ce qui est grand, tout ce qui embellit ? La séduction du catholicisme est précisément de savoir ainsi conduire aux magnificences du ciel par l'admiration des choses créées, comme par la résignation en la privation de toutes !

LII.

Le mouvement des croisades, sorte
de flux et de reflux des armes croyantes
et ambitieuses d'aller baiser au loin
le tombeau de Jésus-Christ, ne permit
pas à l'industrie de la soie de s'étendre
régulièrement en France ; elle resta
concentrée sous le soleil du midi. Toutefois la vue des costumes orientaux,
la prise de butins luxueux, inspirèrent
naturellement aux croisés le goût
d'un faste semblable. Godefroi de
Bouillon et les autres barons français
se présentèrent à Constantinople, devant l'empereur Alexis Comnène,
couverts d'habits de soie, de broderies
et de fourrures, plus légères à porter,
sans doute, que les armets et les cottes
de mailles. Nos preux ramenèrent
ensuite dans leurs austères manoirs
les habitudes ou tout au moins les ten-

tations d'un bien-être et d'une somp-
tuosité que les féaux de Charlemagne
n'avaient encore qu'imparfaitement
essayés.

Philippe-Auguste, effrayé du ramollissement subit des mœurs et de
leur corruptrice tendance, crut devoir
interdire à sa cour les vêtements de
vair, de velours, fourrés de petit gris
ou de martre zibeline. Ce grand exemple de simplicité ne put modérer l'attrait des douces étoffes et des costumes éclatants. L'extrême humilité de
saint Louis, qui ne se servit de la soie
que pour les étendards de ses armées
ou les ornements de sa chapelle,
n'eut pas un effet plus salutaire. La
mode, cette reine qui a autant de sujets
qu'il y a de vanités et qui par conséquent sera toujours certaine de la
solidité de son sceptre, commençait à exercer partout son empire.
Toutes les femmes l'avaient saluée
dans sa robe d'avènement ; elles
avaient reconnu la soie comme le

seul tissu digne de leur caprice et de
leur beauté ; il n'était plus possible
de la leur arracher des tailles ou des
mains. Pendant que les métiers bat-
taient avec acharnement, aux époques
de trèves, comme pour rattraper le
temps et l'argent perdus, les grand'
mères et les jeunes filles, enfermées
dans la solitude mélancolique des
châteaux, se hâtaient, avant le retour
des chevaliers, d'achever, derrière le
haut vitrail des profondes embrasures,
ou, le soir, près de la lampe du foyer
pétillant, ces mille ouvrages en soie
où se croisaient simultanément leurs
aiguilles, leurs pensées et leurs regards. Ceintures, aumonières, escar-
celles, couvre-chefs, corsets, sachets,
chausses, mitaines, toques ou tapisseries étaient par elles tissés puis brodés,
festonnés, garnis de joyaux ou relevés
d'argent. Souvent, les belles amoureu-
ses travaillaient avec des soupirs d'im-
patience à des chemises de soie blanche, fort usitées dans les nuits de ce

temps-là, cousues de fils d'or qu'elles entremêlaient coquettement au fil non moins brillant de leurs blondes et longues chevelures. L'art de nouer et d'ajuster des rubans de couleur emblématique était encore une de leurs œuvres pies. Brantôme parle quelque part d'un certain ruban *incarnadin*, apporté d'Espagne et qui, par sa grande nouveauté, fit alors toute une révolution à la cour.

Du reste, les principaux tissus de cette époque nous sont connus, si non dans leur exacte réalité, du moins par leurs noms et leurs destinations. Comment, tant ils sont nombreux, les dérouler sur ces courtes pages ! C'étaient le *Samit*, espèce de drap de soie ayant le lustre du satin, presque toujours vert ou amarante, dont on faisait des surcots et des hoquetons destinés aux classes riches ; le *Cendal*, samit plus fortement serré, en usage pour les tentures, les ameublements, les courtines, les bannières, les gonfanons,

les ornements d'église, comme cha-
subles, étoles, chappes et manipules :
l'oriflamme de Saint-Denis fut, dès
l'origine, en étoffe de cendal ; le *Siglaton*, tissu moelleux employé particulièrement pour les robes de femmes,
pour les couettes de lit, pour les ban-
delettes qui recouvraient le feutre des
chausses de cérémonie ; le *Diapre* ou
étoffe de couleurs variées, *diapré*,
comme l'indique son nom, de fleurettes
d'or, ou bien ouvré en échiquier, dont
on montait des housses de cheval, des
coussins, des rideaux, des tentures :
la chapelle de Charles VI était tout
entière tapissée de diapre noir semé
de soleils de Chypre. Le *Tabis*, gros
taffetas ondé, mélangé de coton, dont on
fabriquait des houppelandes, des pe-
lisses, des cagoules, des custodes, dans
le genre de nos étoffes anglaises mais
heureusement avec un autre goût ; le
Boffu, préféré pour les couvertures, les
suaires et les enseignes ; Le *Balda-
quin* et le *Ribaudequin* d'un si bel

effet dans les solennités publiques : à l'entrée d'Isabeau de Bavière à Paris on put voir douze cents bourgeois de cette ville « tous à cheval et sur les champs, rangés d'une part du chemin et de l'autre part, parés et vestus tous d'un parement de gonnes de baudequin vert et vermeil; » le *Carimant*, dont était faite la coiffe du Cid; le *Nachiz Tartare*; le *Palmat* piqué; le *Blihaud* brun, le plus souvent garni d'hermine blanche; le *Tapis d'Espagne*; le *Drap d'Antioche*; les *Pailes de Bagdad ou de Carthage*, les étoffes à *carreaux, barrées, rayées*, (1) *brochées*, etc., etc.

Mais, nous en aurions pour long-temps encore si nous voulions déterrer une à une toutes ces vieilles et vénérables défroques de l'industrie de nos pères. C'est une trop grande fatigue que de tenter de pénétrer plus

---

(1) Celles-ci étaient, à Londres, les seules permises aux filles publiques du moyen âge.

avant dans ce vestiaire des morts : on
est ébloui de tant de splendeur, on
est atterré de tant d'anéantissement !
Le feu à demi éteint de ces étoffes jadis
incandescentes est pareil à celui de
la lumière qui passe au travers des
vitraux ternis ou des rosaces, fanées
par les pluies, de nos antiques cathé-
drales : on les fixe dans le vertige de
l'œil, dans le tournoiement d'un effet
d'optique qui est comme la danse des
couleurs et le miroitement de ce merveilleux tissu des rayons mêmes de
l'astre qui jette le jour et assure la vie;
puis, tout à coup, le regard se détourne,
la paupière lassée se rabaisse et l'on
ne distingue plus dans l'ombre, au
fond de la grande nef séculaire, qu'un
pâle reflet, glissant sur le drap noir
d'un immense catafalque !

LIII.

Il nous faut sauter d'un bond au milieu du XVᵉ siècle pour constater un véritable progrès national dans la culture du ver à soie comme dans les ateliers de tissage. Alors, fut renouvelée la face du monde et furent aussi changés ses costumes. L'habit ne fait pas l'homme, il le traduit, il le montre; chaque vêtement est une reliure en harmonie avec le texte caché.

Nîmes et Montpellier faisaient déjà concurrence à la ville des papes, lorsque ce fut le tour de Lyon de conquérir sa place dans l'industrie de la soie. Malgré les vives et sottes oppositions de ses bourgeois, malgré sa mauvaise humeur et ses brouillards, notre ville maussade se vit forcée d'agréer les innovations commerciales de quelques

citoyens intelligents ; les métiers d'é-
toffe et les presses d'imprimerie fonc-
tionnèrent au même jour, dans la go-
thique cité, de par les ordres du roi
Louis XI. Celui-ci venait également
d'installer des tisseurs dans sa forte-
resse de Tours et de faire planter des
mûriers dans son parc de Plessis ; il
exempta de toutes tailles et impôts les
ouvriers qui se fixeraient soit à Tours,
soit à Lyon pour travailler aux draps
d'or et de soie ; son fils Charles VIII,
en traversant le Lyonnais, après la
guerre d'Italie, confirma et étendit ces
prérogatives ; il encouragea nos fabriques par de riches commandes, destinées en grande partie à sa femme,
Anne de Bretagne : l'inventaire du
château d'Amboise est depuis resté
comme un monument inouï de sa
magnificence et du prompt développement de nos fabriques.

Vienne Louis XII, le Père du Peuple, nous trouvons tout-à-coup Lyon
établi au premier rang des villes in-

dustrielles de l'Occident. L'éclat de ses soieries, la renommée de ses marchés attire et retient désormais dans ses murs les marchands de tous les pays ; les Médicis seuls y étaient représentés par seize maisons différentes. Piémontais, Lévantins, Génois, Vénitiens, Juifs et Espagnols se coudoyaient incessamment dans les ruelles obscures, mais suffisamment éclairées de la lumière des intérêts, guides secrets de chacun.

Lyon, bien que peu propre au déploiement du luxe, et pauvre en ressources pour toutes les jouissances de la vie, formait, grâce à son admirable position, comme le rond-point du nord et du midi. Naturellement, avec l'eau des fleuves, devait affluer dans cette ville les voyageurs et les marchandises ; adossée à sa pieuse et forte colline, elle tendait au loin ses bras argentés vers un double horizon..... Ce pittoresque et grandiose paysage, ces coteaux surchargés comme les gradins d'un amphithéâtre, d'antiques édifices ou d'innombrables pignons, hérissant sur le ciel le profil perdu de leurs confuses silhouettes, cette large plaine hospitalière, ces lointains étoffés de montagnes neigeuses, étincelantes, image solennelle, derrière le grand voile des brumes, de ses futurs étalages; ce fleuve au cours puissant, qu'après un harmonieux contour se décide à rejoindre la rivière ombragée, cette joyeuse étendue de vallons enchanteurs, ce nid industriel gazouillant de métiers dans le fourré des rues ou dans l'éclaircie des places, toute cette auguste assemblée de travailleurs au milieu des sérénités de l'espace immense, tout cela c'est Lyon, tout cela c'est le secret de son passé, comme de son avenir commercial.

Contemplons, contemplons encore la beauté, sans rivale en ce monde, de cette ville prédestinée ! Aimons-la comme citoyens, aimons-la comme artistes; soit que nous gravissions avec

enthousiasme ou curiosité ses côtes,
ses pentes, ses escaliers mystérieux ;
soit que nous nous enivrions de ses aspects étranges, au bas d'une niche sculp-
tée à l'angle ténébreux d'un vieux car-
refour, ou bien aux rayons clignotants
du soleil abaissé sur l'étendue fu-
mante, que marbrent, en veines blanches et prolongées, les routes et les
rivières ; aimons ses dômes noircis
d'orages, ses façades austères, ses
sombres crevasses où circule, comme
par les fentes d'un volcan, un peuple
appaisé et laborieux ; aimons ses touffes de feuillage allongeant leurs têtes
éparses par dessus les bords à pic des
terrassements romains, ses feux du
soir irrégulièrement étagés sur les
rives où descendent les étoiles, ses
ports encombrés, ses magasins dé-
gorgeant, ce bruit, ce mouvement,
cette action, cette vie de tous les ins-
tants et de tous les points ; ah oui !
promeneur solitaire, observateur si-
lencieux, ne cessons de voir et d'ap-

plaudir que lorsque, familiarisant avec
la foule, il nous faudra tristement redescendre et reconnaître que l'esprit
de cette cité mercantile est aussi po-
sitif que poétique est son horizon, et
que, malheureusement, entre ses quais
actuels et ses vieilles rues, il a toujours
tenu davantage de l'étroitesse des unes
que de l'ampleur des autres !

LIV.

Quoique les villes de Saint-Etienne,
de Paris, de Rouen , d'Orléans, cette
dernière particulièrement protégée par
Catherine de Médicis, essayassent de
se mesurer avec Lyon, dans l'élan de
la Renaissance, cette grande cité resta,
par la persistance et la patience de
son travail, par l'application et le dé-
vouement de ses ouvriers, par le génie
de ses inventions mécaniques et de ses
dessins artistiques, la maîtresse sou-

veraine dans l'art de tisser en France. Elle venait d'égaler Florence ; encore deux siècles, elle la laissait bien loin derrière elle.

A l'âge de 21 ans, le roi François Ier fit une entrée dans Lyon au milieu d'un luxe de soieries que devait tendre à augmenter chaque jour les raffinements de sa galante cour. On raconte « que les conseillers vinrent à sa rencontre habillés de robes de damas tanné et de pourpoints de satin cramoisi; ils étaient suivis des maîtres-ouvriers Lucquois, vêtus de robes de brocarts noirs, des Florentins drapés de velours grenat, puis après eux venaient les enfants de la ville tous façonnés de satin blanc à bandes violettes. »

L'entourage de François Ier fut un véritable tourbillon de féeries et de folies. Ce prince, qu'inspirait, comme premier ministre, l'amour effréné de ses maîtresses ne sut qu'imaginer d'impossible pour leur plaire ; il vou-

lait les enivrer des soudaines réali-
sations de ses rêves. Pour son âme
passionnée, pour sa voluptueuse imagination, les créations de l'art étaient
une proie et un besoin. A Chambord,
à Fontainebleau il dépensa des sommes énormes en étoffes et en tentures
qui devaient envelopper du mystère
de leurs plis soyeux tous les enchantements de son cœur. Des tapissiers
venus de Flandre, pays déjà illustré
par les chefs-d'œuvre d'une industrie
toute royale, furent logés dans le palais même de Fontainebleau ; là, de
concours avec d'habiles tisseurs italiens, et sous la direction du Prima-
ticcio, ils menèrent à fin des tapisseries de haute lisse où les principaux
sujets de l'histoire ancienne et des ro-
mans chevaleresques étaient tour à
tour *labourés, requamés, battus, re-
haussés* d'or, d'argent et de soie.

Une telle pompe ne tarda pas à
avoir ses imitateurs et ses rivaux.
Le connétable de Bourbon, l'amiral

Doria menaient un train presque égal à celui du prince dont ils trahirent la cause pour rétablir leur fortune dissipée.

Les cours étrangères s'efforcèrent aussi de briller du même lustre. Henri VIII sut lutter de magnificence dans la célèbre entrevue du *camp du drap d'or*. Charles-Quint, dominateur de l'Espagne et des Pays-bas en mit à contribution personnelle les plus riches produits. Gustave Vasa lui-même, civilisant la Suède, y introduisit le goût des splendeurs méridionales. Quant à l'Italie, était-ce des papes comme Jules II ou Léon X, des artistes comme Raphaël ou le Titien qui pouvaient ne pas aimer les belles étoffes, fermer les yeux ou retirer les mains devant les rayonnements et les chatouillements de la soie ! Car la soie, nous l'avons dit, est aussi une séductrice ; elle est à la femme ce que la peau est au serpent qui la quitte ou la change à son gré en fascinant de ses reflets et de ses replis, le cœur, cet oiseau toujours prêt à choir ou à s'envoler!

Cependant la France n'était point l'unique pourvoyeuse de sa consommation. Ni elle ne produisait toute la soie grège de ses filatures, ni elle ne tissait toute espèce de vêtement. Ainsi, le célèbre marchand Jacques Cœur put encore amasser d'immenses richesses par les voyages et les importations de ses navires qui allaient jusqu'en Barbarie, voire même à Babylone, quérir du Soudan les soies orientales auxquelles était resté attaché le prestige des choses venues de loin.

Henri II, le premier de nos rois qui ait chaussé des bas de soie, les tenait de fabrique étrangère.

Les guerres intérieures survenues sous Charles IX et le massacre insensé de la Saint-Barthélemy entravèrent l'activité des ateliers de Paris, d'Orléans, de Tours et de Lyon. L'a-

mour du luxe n'y perdit rien ; on en
fut quitte pour acheter des Italiens et
des Flamands des étoffes qu'ils ven-
daient, profitant ainsi du ralentisse-
ment de nos filatures, à des prix presque arbitraires. Les seigneurs ne mar-
chandaient point ; ils se seraient volontiers ruinés pour paraître plus
riches dans leurs vêtements. Au dire
d'un économiste du temps, « oncque
ne vit-on tant de licts de drap d'or,
de velours, de satin et de damas, ni
tant de bordures exquises ; la dissipa-
tion, ajoute-t-il, est très-grande ; il n'y
a chapeau, cappe, toque, manteau,
collet, robe, chausse, pourpoint, jupe,
casaque, colletin, ni autre habit qui
ne soit couvert de passements ou doublé de satin et taffetas. Les moulins,
les terres, les prés, les bois des gen-
tilshommes se coulent et consomment
en habillements, desquels la façon
excède souvent le coût des étoffes, en
broderies, pourfileures, franges, tor-
tis, canetilles, racameures, chenettes,

bords, picqueures, arrière-points et autres pratiques qu'on invente d'un jour à autre. »

Le vieux grondeur qui écrivait ces lignes a pu mourir bien autrement scandalisé du fameux festin donné en 1577 par Henri III dans le château de Plessis-les-Tours où les convives, assis en face de cristaux expédiés de Venise, avaient pour servantes des légions de dames vêtues de robes de soie verte, largement bouffantes et représentant, somme alors prodigieuse, une valeur de soixante mille francs.

LV.

Le plus sérieux et le plus triste de toute cette magnificence était dans l'appauvrissement qui en résultait pour la nation. Les ouvriers de France ne suffisant pas à entretenir un tel apparat, notre argent passait aux mains des marchands étrangers. Pour quelques écus que ceux-ci donnaient en entrant à la douane, ils remportaient des millions dans leurs sacs. C'etait un véritable tribut annuel qu'ils venaient ainsi prélever sur nos terres en exploitant les goûts et les nécessités de l'opulence. Ils tenaient les seigneurs sous un joug ruineux et pour la patrie et pour eux-mêmes. On gémissait de les voir s'en retourner mais on ne pouvait se passer de les attendre.

Un homme que frappait alors ces considérations et qu'effrayait la fuite progressive des finances, Barthélemy Laffemas, adressa à ce sujet un long mémoire au roi Henri IV ; il lui citait comme exemple, que sur les cinquante mille personnes (« et plutôt moitié davantage que moins ») qui presque instantanément, par la rapidité incendiaire des modes françaises, s'étaient mises à porter des bas de soie,

en calculant que chacune n'en usât
que quatre paires par an, cela repré-
sentait pour ce seul article huit cent
mille écus jetés au dehors ! Le sage
rapporteur concluait comme remède,
à la culture générale des vers à soie
et à l'interdiction sévère des tissus
étrangers.

De son côté, Olivier de Serres venait
de publier son beau livre du *Théâtre
d'agriculture et ménage des champs* ;
il y démontrait que la plantation du
mûrier pouvait devenir également sur
toute la France une des branches les
plus florissantes de l'agriculture ; le
Languedoc, la Provence, la Tour-
raine en offraient les preuves et l'espoir pour les provinces intermédiai-
res. Antérieurement, du reste, le jar-
dinier Traucat, dans ses remarqua-
bles écrits, avait soutenu la même
opinion et énuméré tout au long les
avantages de telles cultures.

Il ne s'agissait plus que d'essayer,
de persuader le peuple, de faire les

avances, de prêcher d'exemple aux habitants des campagnes , toujours effrayés des nouveautés. Mais, avant les répugnances des paysans routiniers , Henri IV eut à vaincre les vertueuses objections de son ministre Sully, homme de vieille roche, et qui voyait dans le développement de l'industrie de la soie, celui de la corruption même , et plutôt l'affaiblissement que la richesse de l'Etat. Le roi tint bon au siége de son ministre ; soutenu par Barthélemy et Olivier, il finit par triompher de la rigide morale de Sully, et, pendant que ce rude serviteur hochait encore sa tête vénérable, il se hâta de fonder un conseil de commerce et de rendre des lettres-patentes qui ordonnaient dans tout le royaume la culture du mûrier et celle du ver à soie. Il écrivit aux syndics de Genève, et en obtint les premiers plants du mûrier blanc. Par les soins d'Olivier de Serres , quinze ou vingt mille de ces arbres reçurent accueil dans le jardin même des Tuileries; une magnanerie s'éleva sur la terrasse des Feuillants. Successivement, Lyon, Tours, Orléans, Poitiers, suivirent l'ordre et l'exemple du roi; leurs environs s'ombragèrent de longues allées de mûriers, à peine suffisantes au nouvel empressement de leurs métiers. Des ouvriers, mandés à Paris, d'Arras et de Bruges, furent hébergés dans les galeries du Louvre et à l'hôtel du Logis de la Maque, en attendant qu'on eût construit pour eux les bâtiments de la place Royale, dont Henri IV anoblit les entrepreneurs. La manufacture de tapisserie des Gobelins, au faubourg Saint-Marcel, date de ce même mouvement. « Nos machines sont toutes dressées ; il n'est plus question que d'en faire jouer le coup ! » s'écrie alors le fils de Laffermas, heureux témoin de tant de patriotisme.

Il semblait que le vœu du bon roi allait être enfin satisfait. A la *poule au pot* du dimanche, chaque père de

famille allait pouvoir ajouter le pourpoint de soie des jours de fête. Cette
double espérance ne se réalisa point.
L'épuisement résultant des guerres ci-
viles, les cabales des marchands italiens, la vogue toujours fatale des
productions lointaines, lors même
qu'elles n'étaient plus de qualité et de
façon supérieures, concoururent pour
amener la chute des établissements
industriels fondés par Henri IV. Au
commencement du XVIIᵉ siècle, il ne
restait en pleine vigueur que les ateliers de Lyon, de Tours et quelques
autres isolés çà et là dans les plaines du midi.

LVI.

Cependant les attentions et les intérêts avaient été réveillés ; le ver à
soie avait fait son entrée dans le monde; il y était admis. Son succès ne dé-

pendait plus que de la prospérité même de la nation ; désormais il n'a plus d'autre histoire. Les mûriers , également semés au nord comme au midi , poussaient par la force vive de chaque printemps ; tôt ou tard on devait les remarquer , les utiliser et les multiplier.

Ici donc finit , à proprement parler, le récit pathétique des aventures de notre insecte séricifère. Sous les règnes de Louis XIII et de Louis XIV, sous les administrations savantes de Richelieu et de Colbert , de Colbert surtout, dont vingt années de pouvoir ne fatiguèrent ni la droiture du cœur, ni l'énergie de la main, l'industrie des tissages d'étoffes et la culture des vers reprirent un essor qui n'a été troublé depuis qu'exceptionnellement, par des événements comme la révocation de l'édit de Nantes et la révolution de 1793.

Il n'y a plus à mentionner, en suivant l'ordre des temps et la liste des rois, que des noms d'inventeurs, tels que : *Octavio Mey*, négociant à Lyon, vers le milieu du XVIIe siècle, qui trouva le moyen de faire jeter à la soie un éclat inconnu ; *Vaucanson*, qui, le premier s'inquiéta du mécanisme des métiers à *semple* où étaient obligés de se réunir à la fois plusieurs ouvriers pour croiser les fils nombreux et faire mouvoir les leviers ; mais l'appareil qu'il proposa, bien que mis en mouvement par le seul tournoiement d'un âne, était trop compliqué pour devenir vulgaire ; *J.-B. Baron*, qui, plus pratique dans ses efforts, parvint à soulager les *tireuses* ; *Falcon*, auquel on doit le système des leviers et l'invention des *lacs ; Ponçon, Verzier*, dont les perfectionnements mirent enfin sur la voie d'une suprême découverte, le célèbre et modeste *Jacquart*, Jacquart, dont Napoléon dut forcer le génie pour en faire jaillir tout à la fois un secret bienfaiteur et une gloire nationale ; Jacquart que les Lyonnais

auraient jadis volontiers lapidé, et
qu'ils laissent aujourd'hui oublié sous
sa pierre sépulcrale et perdu sous son
gazon dans le pauvre cimetière d'Oul-
lins, où, chaque année, avril, seul
fidèle, lui revient tisser un nouvel et
verdoyant manteau !

LVII.

Nous ne pouvons plus enchasser,
dans un si petit cadre que celui de ce
travail, le tableau, du reste bien con-
nu, des époques voisines de la nôtre.
La soie nous déborde, elle envahit
toutes les classes; elle enveloppe
toutes les sociétés. C'est une mer, ce
n'est plus un courant; on ne peut
suivre son trajet, on contemple son
étendue.

Comment énumérer tous ses flots
sans nombre ? Comment compter
ses plis ? Les modes originales de

Louis XIII, les magnificences de Louis XIV et de Versailles, les grimaces dorées de Louis XV, la confusion sanglante de la république, l'alignement géométrique de l'empire, les mille innovations de cette matinée de notre siècle hardi et débraillé, fournissent autant de types, autant de caractères, qu'ont revêtus successivement et différemment les étoffes de nos dessinateurs et de nos fabricants. Le flou-flou prodigieux de tous ces divers régimes, ballonnés de soie, corsés de velours, chaussés de satin, enrubannés de toutes couleurs, étincelants de paillettes ou de diamants, à queue ou sans queue, solennels ou clinquants, raidis par le sabre ou assouplis par le vice, orgueilleux ou vils, en perruque ou en tête ronde, tous ce bruissement d'un temps qui n'est plus ou qui s'en va, tout ce nuage de poudre et de souvenirs, nous aveugle et nous étourdit. Certes, nous n'entreprendrons pas l'inventaire formidable des jupes ou des culottes de soie usées par nos grands parents. Que chacun aille à ses armoires ; peut-être en fouillant bien, retrouvera-t-il quelques unes des pièces de ces costumes d'autrefois ; qu'il les secoue et les salue avec respect... moins à cause du riche indolent qui s'y est vaniteusement prélassé, qu'en mémoire du pauvre ouvrier qui les a tissés de ses doigts et assouplis de sa sueur !

Mais, qui ne s'est assis ou n'a grimpé, tout enfant, sans qu'on le vît, sur une de ces vieilles bergères à raies jaunes ou à fleurs audacieusement colorées, dont nos aïeules ont fait craquer les ais durant les longues et précieuses heures de leur toilette ou de leur galantes causeries ? Qui n'a mis ses petits pieds sur le velours rapé de ces grands fauteuils mélancoliques dont le dos renversé, les bras largement ouverts, semblent attendre encore l'ami dont ils berçaient chaque soir le

repos et les rêves au coin des feux
éteints ! O Deuil ! O progrès !

LVIII.

Du haut de notre prospérité fran-
çaise, jetons, avant de nous en aller
chacun à nos plaisirs ou à nos affaires,
un dernier regard sur la situation
industrielle de la soie dans les diverses
contrées de l'Europe où elle s'est éta-
blie. Voyons comment courent, par la
plaine, tous les métiers ambitieux de
se mettre au pas avec les nôtres.

A côté de nous, c'est la Suisse qui,
par ses étoffes unies de Zurich et ses
rubans de Bâle, par la franche qualité
de ses produits et la discrétion de ses
prix, se représente avantageusement
du sein de ses montagnes jusque
sur les marchés de l'Amérique. Plus
loin c'est le Zollverein qui va de pair
avec la Suisse et, de plus qu'elle, com-

mence à copier et parfois même à égaler nos étoffes façonnées de Lyon. Ailleurs, c'est l'Autriche qui, dans un foyer d'activité qui ne dépasse guère les contours de la ville de Vienne, prouve son intelligence, son goût, sa bonne entente d'exécution pour les tissus particulièrement déstinés aux meubles et aux ornements d'église ; l'Autriche qui inquiète, déjà, le légitime orgueil de nos fabricants. Plus bas, c'est l'Italie qui, ayant transporté à Turin et à Gênes l'ardeur de ses vieilles filatures, se fait remarquer, dans la premières de ces villes, par ses passementeries, dans la seconde par ses velours ; la Sardaigne qui tient un rang commercial au niveau de son rôle politique ; quant à l'Espagne, que vous voyez se cramponner vainement à la chaîne des Pyrénées, elle expire essoufflée sur le bord du chemin.

Que dire encore de l'Orient, cet antique berceau de l'industrie des soies ? Ah ! ni la Turquie, ni la Grèce, ni l'Egypte, ni l'Inde, ces pays tombés en enfance et qui ne savent plus marcher, ne sont de force à courir et à concourir avec la rapidité et la variété de l'Occident! Ce sont toujours les mêmes soieries qu'il y a mille ans, les mêmes damas, les mêmes crêpes, les mêmes satins épais et résistants, les mêmes chales pesant le même poids, les mêmes écharpes transparentes pour d'autres bayadères seulement! Ces contrées-là ont un pan de leur robe traînante cloué dans le sépulcre des siècles ensevelis; comment suivraient-elles, même de loin, le monde qui, aujourd'hui, n'attend plus le tranquille courant de l'eau pour faire tourner son moulin et ne veut plus travailler ni moudre qu'au mouvement impétueux de la vapeur?

Mais, en regard et presque à la hauteur de la France, qui se concentre et se représente, au point de vue du tissage des soies, dans la ville de Lyon, nous devons encore nommer un pays:

l'Angleterre et, ce qui n'est plus du tout circonscrit dans le même lieu, un peuple : l'Anglais.

Ce n'est guère qu'après la révocation de l'édit de Nantes et sous le gouvernement éphémère de Jacques II que l'industrie de la soie prit quelque importance dans la Grande-Bretagne. Alors plus de 50,000 Français, rejetés sur ses rivages, parmi lesquels comptaient de nombreux et habiles ouvriers, y fondèrent des manufactures dont Manchester et Spitalfields devinrent les deux centres principaux. Après de longues oscillations entre le privilége et l'arbitraire, entre le peuple et le pouvoir, la récente industrie éleva tout à coup ses droits et sa puissance; elle s'étendit par tout le Lancashire et mit fièrement sa navette, à Londres, dans la balance de la fortune publique ; 78,000 métiers fonctionnent, en ce moment, sous les toits étouffés de la capitale de l'Angleterre.

Mais, ce qui a été et fait encore la

véritable avance et la supériorité de
ce pays ce sont ses possessions dans
l'Inde, ses prérogatives sur tous les
marchés de l'Orient, son esprit d'enva-
hissement, cette espèce de jésuitisme
industriel, qui possède l'Anglais et le
ferait courir et s'installer le premier
au fond des mers si quelqu'un y dé-
couvrait une nouvelle matière à exploiter.

Toujours hors de chez lui, toujours
en quête, en exploration, en voyages
ambitieux, le peuple anglais s'abat
sur le monde comme un réseau ; à
lui seul il menace de l'envelopper ; il
l'étreint par tous les côtés à la fois ; il
étend partout ses mailles industrieuses
et fatales. A peu près exceptionnellement les Anglais font avancer leurs
navires dans les ports de la Chine. Ils
ont à Shang-Haï, le monopole de l'exportation des soies ; ce sont des ballots
énormes qu'ils en arrachent et ramè-
nent ensuite dans leur île où nous
allons nous-mêmes les tenir de leur

discrétion. Comme une nuée de faux-bourdons, ils sont là autour de la Chine, qu'ils enivrent de leur opium, guettant l'éclosion de ce lotus séculaire encore à peine entr'ouvert. Nos abeilles gauloises n'essayeront-elles jamais de chasser cette troupe intéressée ? Resteront-elles dans la ruche, lorsqu'au loin, à l'autre bout du champ social, des pillards, de race ennemie, seront les premiers à dévaliser la fleur ?

Mais, ce qui manquera toujours à l'Angleterre, ce qu'elle ne nous ravira jamais, c'est le sens artistique des couleurs et des dessins. Le choix des formes, la nuance des teintes, l'infinie variété des unes et des autres, l'inépuisable esprit qui associe les tons et les lignes, ce qu'on appelle l'idée neuve, le trait, l'éclat, la *nouveauté* enfin, tout ceci ne peut sortir que des manufactures françaises. Ce que feront de mieux les Anglais, comme, du reste, toutes les autres nations, sera de nous imiter sur ces différents points et de vulgariser, par les procédés économiques d'un meilleur marché, les combinaisons de nos ouvriers et de nos artistes.

LIX.

Cependant, avouons-le avec peine, le prestige de la puissance britannique, l'aplomb matériel de ces insulaires voyageurs, l'air confortable et bien nourri de leurs personnes ont porté coup à nos modes et à nos tendances. Nous nous sommes fait leurs petits imitateurs. Nous nous sommes pris d'un subit et fatal engouement pour leurs étoffes, sans doute, adroitement tissées, mais nulles comme œuvres d'art, nues comme l'imagination anglaise, dont l'extrême pudeur ne réussit pas à cacher cette nudité morale, la pire de toutes. Nous avons été assez ou-

blieux des fières et charmantes tour-
nures de nos ancêtres pour adopter,
nous autres hommes, les tristes et
insipides coupes des vêtements anglais, ces formes, où rien n'est imaginé pour plaire, rien pour l'élégance
et l'harmonie du corps. Nous voilà
vêtus mais non habillés. Comme on
garnit de drap un piston ou un bras de
levier en taillant juste ce qu'il en est
nécessaire pour faciliter son jeu et
son action, ainsi les Anglais se sont
admirablement ajustés. Nous avons
vu cela et nous l'avons trouvé bon.
Nous avons échangé sans regrets et
sans goût nos tailleurs artistes, nos
vieux costumiers pittoresques, nos
chapeliers coquets en de misérables
confectionneurs qui nous cousent dans
des sacs ou nous coiffent de cilin-
dres qui feront la risée des générations
futures. Mettons au moins d'avance,
le plus que nous pourrons, les rieurs
de notre côté, en désignant l'Anglais,
ce ressort mangeur, ce rouage en-

vahissant, comme le type créateur de toutes nos fades et sottes caricatures.

Ce qui nous sauve d'une pleine laideur, ici comme partout et en tout, ce sont les femmes. Par elles se conservent, à contre-courant des influences anglaises, le sentiment poétique de la grâce dans les costumes. Pour elles se continuent les essais de nos tisseurs et les efforts de nos dessinateurs. Les velours à ramage, les sévères et lourds brocarts, les soies moirées, chinées, brochées, frangées de fils souples et rebouclées comme le pistil des fleurs, les satins chatouillants, aux reflets ondés, les gazes, les blondes moelleuses, toutes ces étoffes, anciennes ou chaque jour renouvelées, dont les couleurs chantent, dont le contact parle, dont le seul froissement fait frissonner la surface des chairs, ne naissent, ne sortent, ne s'étalent au brillant soleil que pour les femmes, ne sont enlevées et portées que par elles! Assurément, nous sommes ici désintéressés puisque jamais nous ne vendîmes ni ne vendrons un fil de soie, mais, au nom des arts, du luxe permis, de la satisfaction sainte, éprouvée en face de tout ce qui retient et enchante les yeux où le cœur, nous remercions les femmes d'être divinement capricieuses, d'être jalouses du relief de leurs charmes, de résister à tout pour rester belles, de soutenir obstinément de leurs douces et fortes épaules les tissus déroulés de nos soies ; de ne pas nous ressembler enfin, à nous, jeunes gens, ridiculement fats de nos gilets écourtés, ou maris assez ingrats pour refuser à l'épouse souriante ces majestueuses et volumineuses robes de damas, qu'elles réclament autour d'elles comme l'onde mouvante et murmurante, où doit vivre et s'agiter la radieuse syrène.

LX.

Comment clore ces pages sans revenir à Lyon, sans rappeler son triomphe au milieu des concurrents de tous les pays, présents à lE'xposition de 1855 ! Qui a parcouru ces galeries de tentures, aussi variées qu'harmonieuses, éclatantes que soumises à l'œil et au bon goût, a compris à quelle distance nous laissons derrière nous les fabriques étrangères. Aucune ne possède, comme les nôtres, ces inspirations de l'art du montage, ces effets inattendus, trouvés par l'ouvrier sur le métier même, ce secret de fraîcheur et de perfection que se partagent, dans une voisine et active émulation, la ville des brumes et celle des charbons, Lyon et Saint-Etienne. Chez quel peuple aller chercher des rubans tellement purs, tellement délicats, déroulant avec une telle profusion l'infinité des choses et des fantaisies dans l'étroit espace d'une ceinture, et avec les vives lueurs des bandes de l'aurore ou du couchant ! Les étoffes lyonnaises nous représentent, dans leur ensemble, le plus vaste monument du luxe moderne ; les rubans de Saint-Étienne, s'enroulant tout autour, sont comme la frise de ce temple, non bâti mais tissé de mains humaines. Elevé sous le ciel dont il pourrait tapisser l'azur, ne semble-t-il pas une tente gigantesque sous laquelle la beauté vient s'asseoir et trôner un jour, sur laquelle flotte au vent de l'avenir, en soie de trois couleurs, le drapeau de notre France !

LXI.

Une seule chose, hélas ! vient parfois faire défaut à l'élan d'un travail si

intelligent et si généralement supérieur, c'est la matière première, c'est
la soie, c'est le fil vomi par le petit
ver d'où tout découle. On nous a con-
seillé, pour remède aux éventualités,
l'ouverture de grandes négociations
avec la Chine ; on nous a cité l'exemple de l'Angleterre, on a voulu nous
pousser une fois de plus à vivre d'em-
prunt et d'imitation. Tout au contraire
de cette opinion, nous présumons
mieux des ressources du pays, nous
croyons qu'il arrivera à retirer prochainement de lui-même l'aliment de
ses fabriques.

Les vers à soie n'ont point dit à nos
paysans leur dernier mot ; les mûriers
n'ont pas jeté leur dernière feuille. Il
y a, dans cette double culture, une
source de richesses qu'obstruent encore les pierres de l'ignorance ; nous
voudrions en avoir enlevé quelques-
unes ; nous voudrions, par ce récit des
progrès de l'industrie séricicole, avoir
prouvé que rien ne nous est impos-

sible dans nos rêves de grandeur et de suprématie ; nous voudrions surtout, par l'exposé de notre théorie d'éducation, avoir encouragé nos compatriotes à reporter sur le sol de leurs campagnes ces regards, cet argent, cet espoir qu'ils tendent misérablement vers la Chine, tandis que la France est sous leurs pieds, sous leurs jeux, et qu'ils n'ont qu'à s'écouter eux-mêmes pour la sentir battre dans leur cœur. Nous n'avons vraiment que faire des Chinois, de leurs graines ou de leurs soieries. Ils ne sauraient être notre Providence après les années malheureuses. C'est à nous de conserver les œufs de nos bombyx, de perfectionner leurs races, de réparer par des soins constants, avec l'aide d'une riche nature et d'un Dieu protecteur, les pertes inattendues, effets de causes ignorées. Nous n'arriverons jamais à tout prévoir ; au moins, en le voulant, sommes-nous assurés de pouvoir tout prévenir ou tout réparer.

Donner assez de moyens, exciter assez de zèle pour rétablir, sans courir au dehors, un vaste équilibre entre le développement des manufactures et le fournissement des magnaneries, entre les récoltes prospères et les funestes époques, entre le produit national et la consommation universelle, voilà le triple but de notre étude et le terme de nos désirs. Comme nos vers agitent leurs petits anneaux, afin d'exprimer leurs trésors, nous avons remué ces pages et ces chapitres, articulation de notre pensée, pour en verser le suc, pour en livrer le fil ; que d'autres, plus habiles et plus savants, le dévident et l'utilisent ; du fond de notre retraite, nous applaudirons toujours, dussions-nous, pour le succès d'une œuvre meilleure, être étouffés dans l'oubli !

FIN.

APPENDICE.

Nous croyons, avant de nous séparer du lecteur, devoir lui rappeler tout spécialement l'ingénieux appareil de la *couveuse,* décrit page 71.

C'est, en effet, à la suite de la confidence d'une telle découverte que nous nous sommes asssocié, d'esprit et de cœur, à M. Roux, son inventeur, et avons, dans l'entrain d'une même pensée, composé cet ouvrage. Une couveuse modèle vient d'être construite dans les proportions indiquées par nos descriptions, c'est-à-dire capable de contenir 90 grammes d'œufs; M. Roux s'offre à la montrer et à en détailler l'emploi à toutes les personnes qui voudront bien s'adresser directement à lui. Le mouvement des roues à palettes, la disposition de la lampe, la nature et l'emplacement de la coupole de terre ou d'argent, le jeu des tiroirs, etc., sont choses dont l'extrême simplicité étonnera sans doute, mais qu'à raison de leur nouveauté et de l'imperfection de notre plume, on sera bien aise de se faire expliquer de la bouche même de l'inventeur. Pour notre part, nous n'avons point à en dire davantage : d'ici peu de temps, pas un seul sériciculteur, pas un seul œuf de bombyx, ne sauront commencer à éduquer ou à éclore sans en passer par la couveuse Roux.

A. DE G.

TABLE.

LA MAGNANERIE.

LA GRAINE.

LES AGES.

LES DANGERS.

LES COCONS.

LA SOIE.